石油企业岗位练兵手册

输 气 工

（第二版）

大庆油田有限责任公司　编

石 油 工 业 出 版 社

内 容 提 要

本书采用问答形式，对输气工应掌握的知识和技能进行了详细介绍。主要内容可分为基本素养、基础知识、基本技能、HSE知识四部分。基本素养包括企业文化、发展纲要和职业道德等内容，基础知识包括与工种岗位密切相关的专业知识等内容，基本技能包括操作技能和常见故障判断处理等内容，HSE知识包括与工种岗位相关的HSE知识等内容。本书适合输气工阅读使用。

图书在版编目（CIP）数据

输气工 / 大庆油田有限责任公司编 . —2 版 . —北京：石油工业出版社，2023.9
（石油企业岗位练兵手册）
ISBN 978-7-5183-6302-5

Ⅰ . ①输…　Ⅱ . ①大…　Ⅲ . ①天然气输送 – 技术手册
Ⅳ . ① TE83-62

中国国家版本馆 CIP 数据核字（2023）第 169242 号

出版发行：石油工业出版社
（北京市朝阳区安华里 2 区 1 号楼　100011）
网　址：www.petropub.com
编辑部：（010）64251682
图书营销中心：（010）64523633
经　　销：全国新华书店
印　　刷：北京中石油彩色印刷有限责任公司

2023 年 9 月第 2 版　2023 年 9 月第 1 次印刷
880×1230 毫米　开本：1/32　印张：9.5
字数：237 千字

定价：52.00 元
（如出现印装质量问题，我社图书营销中心负责调换）

《输气工》编委会

《输气工》编审组

前言

岗位练兵是大庆油田的优良传统，是强化基本功训练、提升员工素质的重要手段。新时期、新形势下，按照全面加强“三基”工作的有关要求，为进一步强化和规范经常性岗位练兵活动，切实提高基层员工队伍的基本素质，按照“实际、实用、实效”的原则，大庆油田有限责任公司人事部组织编写、修订了基层员工《石油企业岗位练兵手册》丛书。围绕提升政治素养和业务技能的要求，本套丛书架构分为基本素养、基础知识、基本技能三部分，基本素养包括企业文化（大庆精神铁人精神、优良传统）、发展纲要和职业道德等内容；基础知识包括与工种岗位密切相关的专业知识和HSE知识等内容；基本技能包括操作技能和常见故障判断处理等内容。本套丛书的编写，严格依据最新行业规范和技术标准，同时充分结合目前专业知识更新、生产设备调整、操作工艺优化等实际情况，具有突出的实用性和规范性的特点，既能作为基层开展岗位练兵、提高业务技能的实用教材，也可以作为员工岗位自学、单位开展技能竞赛的参考资料。

希望各单位积极应用，充分发挥本套丛书的基础性作用，持续、深入地抓好基层全员培训工作，不断提升员工队伍整体素质，为实现公司科学发展提供人力资源保障。同时，希望各单位结合本套丛书的应用实践，对丛书的修改完善提出宝贵意见，以便更好地规范和丰富丛书内容，为基层扎实有效地开展岗位练兵活动提供有力支撑。

大庆油田有限责任公司人事部

2023年4月28日

目录

第一部分 基本素养

第二部分　基础知识

第三部分 基本技能

第四部分　HSE知识

第一部分 基本素养

企业文化

（一）名词解释

1. 石油精神：石油精神以大庆精神铁人精神为主体，是对石油战线企业精神及优良传统的高度概括和凝练升华，是我国石油队伍精神风貌的集中体现，是历代石油人对人类精神文明的杰出贡献，是石油石化企业的政治优势和文化软实力。其核心是“苦干实干”“三老四严”。

2. 大庆精神：为国争光、为民族争气的爱国主义精神；独立自主、自力更生的艰苦创业精神；讲究科学、“三老四严”的求实精神；胸怀全局、为国分忧的奉献精神，凝练为“爱国、创业、求实、奉献”8个字。

3. 铁人精神：“为国分忧、为民族争气”的爱国主义精神；“宁肯少活二十年，拼命也要拿下大油田”的忘我拼搏精神；“有条件要上，没有条件创造条件也要上”的艰苦奋斗精神；“干工作要经得起子孙万代检查”“为革命练一身硬功夫、真本事”的科学求实精神；“甘愿为党和人民当一辈子老黄牛”、埋头苦干的无私奉献精神。

4. 三超精神：超越权威，超越前人，超越自我。

5. 艰苦创业的六个传家宝：人拉肩扛精神，干打垒精神，五把铁锹闹革命精神，缝补厂精神，回收队精神，修旧利废精神。

6. 三要十不：“三要”：一要甩掉石油工业的落后帽子；二要高速度、高水平拿下大油田；三要在会战中夺冠军，争取集体荣誉。“十不”：第一，不讲条件，就是说有条件要上，没有条件创造条件上；第二，不讲时间，特别是工作紧张时，大家都不分白天黑夜地干；第三，不讲报酬，干啥都是为了革命，为了石油，而不光是为了个人的物质报酬而劳动；第四，不分级别，有工作大家一起干；第五，不讲职务高低，不管是局长、队长，都一起来；第六，不分你我，互相支援；第七，不分南北东西，就是不分玉门来的、四川来的、新疆来的，为了大会战，一个目标，大家一起上；第八，不管有无命令，只要是该干的活就抢着干；第九，不分部门，大家同心协力；第十，不分男女老少，能干什么就干什么、什么需要就干什么。这“三要十不”，激励了几万职工团结战斗、同心协力、艰苦创业，一心为会战的思想和行动，没有高度觉悟是做不到的。

7. 三老四严：对待革命事业，要当老实人，说老实话，办老实事；对待工作，要有严格的要求，严密的组织，严肃的态度，严明的纪律。

8. 四个一样：对待革命工作要做到，黑天和白天一个样，坏天气和好天气一个样，领导不在场和领导在场一个样，没有人检查和有人检查一个样。

9. 思想政治工作“两手抓”：抓生产从思想入手，抓思想从生产出发。这是大庆人正确处理思想政治工作与经济工作关系的基本原则，也是大庆人思想政治工作的一条基本经验。

10. 岗位责任制管理：大庆油田岗位责任制，是大庆石油会战时期从实践中总结出来的一整套行之有效的基础管理方法，也是大庆油田特色管理的核心内容。其实质就是把全部生产任务和管理工作落实到各个岗位上，给企业每个岗位人员都规定出具体的任务、责任，做到事事有人管，人人有专责，办事有标准，工作有检查。它包括工人岗位责任制、基层干部岗位责任制、领导干部和机关干部岗位责任制。工人岗位责任制一般包括岗位专责制、交接班制、巡回检查制、设备维修保养制、质量负责制、岗位练兵制、安全生产制、班组经济核算制等 8 项制度；基层干部岗位责任制包括岗位专责制、工作检查制、生产分析制、经济活动分析制、顶岗劳动制、学习制度等 6 项制度；领导干部和机关干部岗位责任制包括岗位专责制、现场办公制、参加劳动制、向工人学习日制、工作总结制、学习制度等 6 项制度。

11. 三基工作：以党支部建设为核心的基层建设，以岗位责任制为中心的基础工作，以岗位练兵为主要内容的基本功训练。

12. 四懂三会：这是在大庆石油会战时期提出的对各行各业技术工人必备的基本知识、基本技能的基本要求，也是“应知应会”的基本内容。四懂即懂设备结构、懂设备原理、懂设备性能、懂工艺流程。三会即会操作、会维修保养、会排除故障。

13. 五条要求：人人出手过得硬，事事做到规格化，项项工程质量全优，台台在用设备完好，处处注意勤俭节约。

14. 会战时期“五面红旗”：王进喜、马德仁、段兴枝、薛国邦、朱洪昌。

15. 新时期铁人：王启民。

16. 大庆新铁人：李新民。

17. 新时代履行岗位责任、弘扬严实作风“四条要求”：要人人体现严和实，事事体现严和实，时时体现严和实，处处体现严和实。

18. 新时代履行岗位责任、弘扬严实作风“五项措施”：开展一场学习，组织一次查摆，剖析一批案例，建立一项制度，完善一项机制。

（二）问答

1. 简述大庆油田名称的由来。

1959年9月26日，新中国成立十周年大庆前夕，位于黑龙江省原肇州县大同镇附近的松基三井喷出了具有工业价值的油流，为了纪念这个大喜大庆的日子，当时黑龙江省委第一书记欧阳钦同志建议将该油田定名为大庆油田。

2. 中共中央何时批准大庆石油会战？

1960年2月13日，石油工业部以党组的名义向中共中央、国务院提出了《关于东北松辽地区石油勘探情况和今后部署问题的报告》。1960年2月20日中共中央正式批准大庆石油会战。

3. 什么是“两论”起家？

1960年4月10日，大庆石油会战一开始，会战领导小组就以石油工业部机关党委的名义作出了《关于学习毛泽东同志所著〈实践论〉和〈矛盾论〉的决定》，号召广大会战职工学习毛泽东同志的《实践论》《矛盾论》和毛泽东同志的其他著作，以马列主义、毛泽东思想指导石油大会战，用辩证唯物主义的立场、观点、方法，认识油田规律，分析和解决会战中遇到的各种问题。广大职工说，我们的会战是靠“两论”起家的。

4. 什么是“两分法”前进？

即在任何时候，对任何事情，都要用“两分法”，形势好的时候要看到不足，保持清醒的头脑，增强忧患意识，形势严峻的时候更要一分为二，看到希望，增强发展的信心。

5. 简述会战时期“五面红旗”及其具体事迹。

“五面红旗”喻指大庆石油会战初期涌现的五位先进榜样：王进喜、马德仁、段兴枝、薛国邦、朱洪昌。钻井队长王进喜带领队伍人拉肩扛抬钻机，端水打井保开钻，在发生井喷的危急时刻，奋不顾身跳下泥浆池，用身体搅拌泥浆制服井喷。钻井队长马德仁在泥浆泵上水管线冻结时，不畏严寒，破冰下泥浆池，疏通上水管线。钻井队长段兴枝在吊车和拖拉机不足的情况下，利用钻机本身的动力设施，解决了钻机搬家的困难。大庆油田第一个采油队队长薛国邦自制绞车，给第一批油井清蜡，又手持蒸汽管下到油池里化开凝结的原油，保证了大庆油田首次原油外运列车顺利启程。工程队队长朱洪昌在供水管线漏水时，用手捂着漏点，忍着灼烧的疼痛，让焊工焊接裂缝，保证了供水工程提前竣工。

6. 大庆油田投产的第一口油井和试注成功的第一口水井各是什么？

1960年5月16日，大庆油田第一口油井中7-11井投产；1960年10月18日，大庆油田第一口注水井7排11井试注成功。

7. 大庆石油会战时期讲的“三股气”是指什么？

对一个国家来讲，就要有民气；对一个队伍来讲，就要有士气；对一个人来讲，就要有志气。三股气结合起来，就会形成强大的力量。

8. 什么是“九热一冷”工作法？

大庆石油会战中创造的一种领导工作方法。是指在1旬中，有9天“热”，1天“冷”。每逢十日，领导干部再忙，也要坐在一起开务虚会，学习上级指示，分析形势，总结经验，从而把感性认识提高到理性认识上来，使领导作风和领导水平得到不断改进和提高。

9. 什么是“三一”“四到”“五报”交接班法？

对重要的生产部位要一点一点地交接、对主要的生产数据要一个一个地交接、对主要的生产工具要一件一件地交接。交接班时应该看到的要看到、应该听到的要听到、应该摸到的要摸到、应该闻到的要闻到。交接班时报检查部位、报部件名称、报生产状况、报存在的问题、报采取的措施，开好交接班会议，会议记录必须规范完整。

10. 大庆油田原油年产5000万吨以上持续稳产的时间是哪年？

1976年至2002年，大庆油田实现原油年产5000万吨以上连续 27 年高产稳产，创造了世界同类油田开发史上的奇迹。

11. 大庆油田原油年产 4000 万吨以上持续稳产的时间是哪年？

2003 年至 2014 年，大庆油田实现原油年产 4000 万吨以上连续 12 年持续稳产，继续书写了“我为祖国献石油”新篇章。

12. 中国石油天然气集团有限公司企业精神是什么？

石油精神和大庆精神铁人精神。

13. 中国石油天然气集团有限公司的主营业务是什么？

中国石油天然气集团有限公司是国有重要骨干企业和全球主要的油气生产商和供应商之一，是集国内外油气勘探开发和新能源、炼化销售和新材料、支持和服务、资本和金融等业务于一体的综合性国际能源公司，在全球 32 个国家和地区开展油气投资业务。

14. 中国石油天然气集团有限公司的企业愿景和价值追求分别是什么？

企业愿景：建设基业长青世界一流综合性国际能源公司；

企业价值追求：绿色发展、奉献能源，为客户成长增动力、为人民幸福赋新能。

15. 中国石油天然气集团有限公司的人才发展理念是什么？

生才有道、聚才有力、理才有方、用才有效。

16. 中国石油天然气集团有限公司的质量安全环保理念是什么？

以人为本、质量至上、安全第一、环保优先。

17. 中国石油天然气集团有限公司的依法合规理念是什么？

法律至上、合规为先、诚实守信、依法维权。

二、发展纲要

（一）名词解释

1. 三个构建： 一是构建与时俱进的开放系统；二是构建产业成长的生态系统；三是构建崇尚奋斗的内生系统。

2. 一个加快： 加快推动新时代大庆能源革命。

3. 抓好“三件大事”： 抓好高质量原油稳产这个发展全局之要；抓好弘扬严实作风这个标准价值之基；抓好发展接续力量这个事关长远之计。

4. 谱写“四个新篇”： 奋力谱写“发展新篇”；奋力谱写“改革新篇”；奋力谱写“科技新篇”；奋力谱写“党建新篇”。

5. 统筹“五大业务”： 大力发展油气业务；协同发展服务业务；加快发展新能源业务；积极发展“走出去”业务；特色发展新产业新业态。

6. “十四五”发展目标： 实现“五个开新局”，即稳油增气开新局；绿色发展开新局；效益提升开新局；幸福生活开新局；企业党建开新局。

7. 高质量发展重要保障： 思想理论保障；人才支持保障；基础环境保障；队伍建设保障；企地协作保障。

（二）问答

1. 习近平总书记致大庆油田发现60周年贺信的内容是什么？

值此大庆油田发现60周年之际，我代表党中央，向大庆油田广大干部职工、离退休老同志及家属表示热烈的祝贺，并致以诚挚的慰问！

60年前，党中央作出石油勘探战略东移的重大决策，广大石油、地质工作者历尽艰辛发现大庆油田，翻开了中国石油开发史上具有历史转折意义的一页。60年来，几代大庆人艰苦创业、接力奋斗，在亘古荒原上建成我国最大的石油生产基地。大庆油田的卓越贡献已经镌刻在伟大祖国的历史丰碑上，大庆精神、铁人精神已经成为中华民族伟大精神的重要组成部分。

站在新的历史起点上，希望大庆油田全体干部职工不忘初心、牢记使命，大力弘扬大庆精神、铁人精神，不断改革创新，推动高质量发展，肩负起当好标杆旗帜、建设百年油田的重大责任，为实现“两个一百年”奋斗目标、实现中华民族伟大复兴的中国梦作出新的更大的贡献！

2. 当好标杆旗帜、建设百年油田的含义是什么？

当好标杆旗帜——树立了前行标尺，是我们一切工作的根本遵循。大庆油田要当好能源安全保障的标杆、国企深化改革的标杆、科技自立自强的标杆、赓续精神血脉的标杆。

建设百年油田——指明了前行方向，是我们未来发展的奋斗目标。百年油田，首先是时间的概念，追求能源主业的升级发展，建设一个基业长青的百年油田；百年油田，也是空间的拓展，追求发展舞台的开辟延伸，建设一个走向世界的百年油田；百年油田，更是精神的赓续，追求红色基因的传承弘扬，建设一个旗帜高扬的百年油田。

3. 大庆油田 60 多年的开发建设取得的辉煌历史有哪些？

大庆油田 60 多年的开发建设，为振兴发展奠定了坚实基础。建成了我国最大的石油生产基地；孕育形成了大庆精神铁人精神；创造了世界领先的陆相油田开发技术；打造了过硬的“铁人式”职工队伍；促进了区域经济社会的繁荣发展。

4. 开启建设百年油田新征程两个阶段的总体规划是什么？

第一阶段，从现在起到 2035 年，实现转型升级、高质量发展；第二阶段，从 2035 年到本世纪中叶，实现基业长青、百年发展。

5. 大庆油田“十四五”发展总体思路是什么？

坚持以习近平新时代中国特色社会主义思想为指导，深入贯彻落实党的二十大精神，牢记践行习近平总书记重要讲话重要指示批示精神特别是“9·26”贺信精神，完整、准确、全面贯彻新发展理念，服务和融入新发展格局，立足增强能源供应链稳定性和安全性，贯彻落实国家“十四五”现代能源体系规划，认真落实中国石油天然气集团有限公司党组和黑龙江省委省政府部署要求，全面加强党的领导党的建设，坚持稳中求进工作总基调，突出高质量发展主题，遵循“四个坚持”兴企方略和“四化”治企准则，推进实施以抓好“三件大事”为总纲、以谱写“四个新篇”为实践、以统筹“五大业务”为发展支撑的总体战略布局，全面提升企业的创新力、竞争力和可持续发展能力，当好标杆旗帜、建设百年油田，开创油田高质量发展新局面。

6. 大庆油田“十四五”发展基本原则是什么？

坚持“九个牢牢把握”，即牢牢把握“当好标杆旗帜”这个根本遵循；牢牢把握“市场化道路”这个基本方向；牢牢把握“低成本发展”这个核心能力；牢牢把握“绿色低碳转型”这个发展趋势；牢牢把握“科技自立自强”这个战略支撑；牢牢把握“人才强企工程”这个重大举措；牢牢把握“依法合规治企”这个内在要求；牢牢把握“加强作风建设”这个立身之本；牢牢把握“全面从严治党”这个政治引领。

7. 中国共产党第二十次全国代表大会会议主题是什么？

高举中国特色社会主义伟大旗帜，全面贯彻新时代中国特色社会主义思想，弘扬伟大建党精神，自信自强、守正创新，踔厉奋发、勇毅前行，为全面建设社会主义现代化国家、全面推进中华民族伟大复兴而团结奋斗。

8. 在中国共产党第二十次全国代表大会上的报告中，中国共产党的中心任务是什么？

从现在起，中国共产党的中心任务就是团结带领全国各族人民全面建成社会主义现代化强国、实现第二个百年奋斗目标，以中国式现代化全面推进中华民族伟大复兴。

9. 在中国共产党第二十次全国代表大会上的报告中，中国式现代化的含义是什么？

中国式现代化，是中国共产党领导的社会主义现代化，既有各国现代化的共同特征，更有基于自己国情的中国特色。中国式现代化是人口规模巨大的现代化；中国式现代化是全体人民共同富裕的现代化；中国式现代化是物质文明和精神文明相协调的现代化；中国式现代化是人与自然和谐共生的现代化；中国式现代化是走和平发展道路的现代化。

10. 在中国共产党第二十次全国代表大会上的报告中，两步走是什么？

全面建成社会主义现代化强国，总的战略安排是分两步走：从二〇二〇年到二〇三五年基本实现社会主义现代化；从二〇三五年到本世纪中叶把我国建成富强民主文明和谐美丽的社会主义现代化强国。

11. 在中国共产党第二十次全国代表大会上的报告中，“三个务必”是什么？

全党同志务必不忘初心、牢记使命，务必谦虚谨慎、艰苦奋斗，务必敢于斗争、善于斗争，坚定历史自信，增强历史主动，谱写新时代中国特色社会主义更加绚丽的华章。

12. 在中国共产党第二十次全国代表大会上的报告中，牢牢把握的“五个重大原则”是什么？

坚持和加强党的全面领导；坚持中国特色社会主义道路；坚持以人民为中心的发展思想；坚持深化改革开放；坚持发扬斗争精神。

13. 在中国共产党第二十次全国代表大会上的报告中，十年来，对党和人民事业具有重大现实意义和深远意义的三件大事是什么？

一是迎来中国共产党成立一百周年，二是中国特色社会主义进入新时代，三是完成脱贫攻坚、全面建成小康社会的历史任务，实现第一个百年奋斗目标。

14. 在中国共产党第二十次全国代表大会上的报告中，坚持“五个必由之路”的内容是什么？

全党必须牢记，坚持党的全面领导是坚持和发展中国特色社会主义的必由之路，中国特色社会主义是实现中华民族伟大复兴的必由之路，团结奋斗是中国人民创造历史伟业的必由之路，贯彻新发展理念是新时代我国发展壮大的必由之路，全面从严治党是党永葆生机活力、走好新的赶考之路的必由之路。

三、职业道德

（一）名词解释

1. 道德：是调节个人与自我、他人、社会和自然界之间关系的行为规范的总和。

2. 职业道德：是同人们的职业活动紧密联系的、符合职业特点所要求的道德准则、道德情操与道德品质的总和。

3. 爱岗敬业：爱岗就是热爱自己的工作岗位，热爱自己从事的职业；敬业就是以恭敬、严肃、负责的态度对待工作，一丝不苟，兢兢业业，专心致志。

4. 诚实守信：诚实就是真心诚意，实事求是，不虚假，不欺诈；守信就是遵守承诺，讲究信用，注重质量和信誉。

5. 劳动纪律：是用人单位为形成和维持生产经营秩序，保证劳动合同得以履行，要求全体员工在集体劳动、工作、生活过程中，以及与劳动、工作紧密相关的其他过程中必须共同遵守的规则。

6. 团结互助：指在人与人之间的关系中，为了实现共同的利益和目标，互相帮助，互相支持，团结协作，共同发展。

（二）问答

1. 社会主义精神文明建设的根本任务是什么？

适应社会主义现代化建设的需要，培育有理想、有道德、有文化、有纪律的社会主义公民，提高整个中华民族的思想道德素质和科学文化素质。

2. 我国社会主义道德建设的基本要求是什么？

爱祖国、爱人民、爱劳动、爱科学、爱社会主义。

3. 为什么要遵守职业道德？

职业道德是社会道德体系的重要组成部分，它一方面具有社会道德的一般作用，另一方面它又具有自身的特殊作用，具体表现在：（1）调节职业交往中从业人员内部以及从业人员与服务对象间的关系。（2）有助于维护和提高本行业的信誉。（3）促进本行业的发展。（4）有助于提高全社会的道德水平。

4. 爱岗敬业的基本要求是什么？

（1）要乐业。乐业就是从内心里热爱并热心于自己所从事的职业和岗位，把干好工作当作最快乐的事，做到其乐融融。（2）要勤业。勤业是指忠于职守，认真负责，刻苦勤奋，不懈努力。（3）要精业。精业是指对本职工作业务纯熟，精益求精，力求使自己的技能不断提高，使自己的工作成果尽善尽美，不断地有所进步、有所发明、有所创造。

5. 诚实守信的基本要求是什么？

（1）要诚信无欺。（2）要讲究质量。（3）要信守合同。

6. 职业纪律的重要性是什么？

职业纪律影响企业的形象，关系企业的成败。遵守职业纪律是企业选择员工的重要标准，关系到员工个人事业成功与发展。

7. 合作的重要性是什么？

合作是企业生产经营顺利实施的内在要求，是从业人员汲取智慧和力量的重要手段，是打造优秀团队的有效途径。

8. 奉献的重要性是什么？

奉献是企业发展的保障，是从业人员履行职业责任的必由之路，有助于创造良好的工作环境，是从业人员实现职业理想的途径。

9. 奉献的基本要求是什么？

（1）尽职尽责。要明确岗位职责，培养职责情感，全力以赴工作。（2）尊重集体。以企业利益为重，正确对待个人利益，树立职业理想。（3）为人民服务。树立为人民服务的意识，培育为人民服务的荣誉感，提高为人民服务的本领。

10. 企业员工应具备的职业素养是什么？

诚实守信、爱岗敬业、团结互助、文明礼貌、办事公道、勤劳节俭、开拓创新。

11. 培养“四有”职工队伍的主要内容是什么？

有理想、有道德、有文化、有纪律。

12. 如何做到团结互助？

（1）具备强烈的归属感。（2）参与和分享。（3）平等尊重。（4）信任。（5）协同合作。（6）顾全大局。

13. 职业道德行为养成的途径和方法是什么？

（1）在日常生活中培养。从小事做起，严格遵守行为规范；从自我做起，自觉养成良好习惯。（2）在专业学习中训练。增强职业意识，遵守职业规范；重视技能训练，提高职业素养。（3）在社会实践中体验。参加社会实践，培养职业道德；学做结合，知行统一。（4）在自我修养中提高。体验生活，经常进行“内省”；学习榜样，努力做到“慎独”。（5）在职业活动中强化。将职业道德知识内化为信念；将职业道德信念外化为行为。

14. 员工违规行为处理工作应当坚持的原则是什么？

（1）依法依规、违规必究；（2）业务主导、分级负责；（3）实事求是、客观公正；（4）惩教结合、强化预防。

15. 对员工的奖励包括哪几种？

奖励种类包括通报表彰、记功、记大功、 授予荣誉称号、成果性奖励等。在给予上述奖励时，可以是一定的物质奖励。物质奖励可以给予一次性现金奖励（奖金）或实物奖励，也可根据需要安排一定时间的带薪休假。

16. 员工违规行为处理的方式包括哪几种？

员工违规行为处理方式分为：警示诫勉、组织处理、处分、经济处罚、禁入限制。

17.《中国石油天然气集团公司反违章禁令》有哪些规定？

为进一步规范员工安全行为，防止和杜绝“三违”现象，保障员工生命安全和企业生产经营的顺利进行，特制定本禁令。

一、严禁特种作业无有效操作证人员上岗操作；

二、严禁违反操作规程操作；

三、严禁无票证从事危险作业；

四、严禁脱岗、睡岗和酒后上岗；

五、严禁违反规定运输民爆物品、放射源和危险化学品；

六、严禁违章指挥、强令他人违章作业。

员工违反上述禁令，给予行政处分；造成事故的，解除劳动合同。

第二部分
基础知识

一、专业知识

（一）名词解释

输气工艺

1. 天然气：从广义的定义来说，天然气是指自然界中天然存在的一切气体，包括大气圈、水圈和岩石圈中各种自然过程形成的气体。从狭义角度来说，是指天然蕴藏于地层中的烃类和非烃类气体的混合物，主要成分是烷烃，其中甲烷占绝大多数，另有少量的乙烷、丙烷和丁烷。

2. 天然气组分：是指天然气中所包含的各个成分，大致可以分为三类，即烃类组分、含硫组分和其他组分。

3. 天然气的分类：按油气藏类型分为气田气、凝析气田气、油田伴生气。按天然气组成的三种分类方式为干气和湿气；贫气和富气；酸气、洁气和净化气。按用途分为民用燃料、工业原料或燃料。

4. 天然气密度：单位体积天然气的质量。

5. 天然气相对密度：天然气的密度与标准状态

（101.325kPa，0℃）下的空气密度的比值。

6. 天然气绝对湿度：单位体积天然气中所含的水蒸气的质量，单位为 g/m^3。

7. 天然气相对湿度：天然气的绝对湿度与相同条件下呈饱和状态的单位体积天然气中所含水蒸气质量之比，常用百分数表示。

8. 天然气水合物：在一定温度、压力条件下，天然气中气体分子和水分子形成的白色结晶络合物，外观类似松散的冰或致密的雪。

9. 可燃气体爆炸极限：可燃气体与空气混合达到一定比例范围时遇明火会发生爆炸，这个混合浓度范围称为该气体的爆炸极限。常温常压（101.325kPa，20℃）下天然气的爆炸极限为 5%LEL ～ 15%LEL。

10. 集气站：将两口以上气井的天然气集中处置的站点，一般兼有气液分离、除尘、过滤、节流、调压、计量等功能。

11. 增压站：为保证输送量和到达目的地时的压力而设立的加压站点，一般还具有天然气集配和管道监护功能。

12. 净化厂（处理厂）：对天然气中所含的硫化氢、二氧化碳、凝析油、水等进行脱除，使天然气气体质量达到管输标准。

13. 调压计量站：根据需求设置于输气管道干线或支线上，接收输气管线来气，进行除尘、分配气量、调压、计量后输送给用户。

14. 集气管道：油田内部自一级油气分离器至天然气处理厂之间的气管道。

15. 管道吹扫：通过气体高速流动带动污物排出管道的

方式。

16. 管道置换：用一种气体介质替代另一种气体介质的过程。

17. 轻烃回收：将天然气中比甲烷或乙烷更重的组分以液态形式回收的过程。

18. 露点：在一定压力下，气体混合物开始冷凝出第一滴液体的温度称为气体在该压力下的露点。

19. 水露点：气体在一定压力下析出第一滴水时的温度。

20. 露点降：天然气脱水吸收塔操作温度（对吸附法则为吸附塔操作温度）与脱水后干气露点温度之差，一般用来表示天然气脱水深度。

21. 干气：每标准立方米的天然气中，C_5（戊烷）以上烃类液体含量低于 13.5cm^3 的天然气称为干气。

22. 湿气：每标准立方米的天然气中，C_5（戊烷）以上烃类液体含量超过 13.5cm^3 的天然气称为湿气。

23. 贫气：每标准立方米的天然气中，C_3（丙烷）以上烃类液体的含量低于 94cm^3 的天然气称为贫气。

24. 富气：每标准立方米的天然气中，C_3（丙烷）以上烃类液体的含量超过 94cm^3 的天然气称为富气。

25. 酸气：含硫量高于 20mg/m^3 的天然气称为酸性天然气，简称酸气。

26. 洁气：不需要净化处理即可管输和利用的天然气称为洁气。

27. 净化气：酸性气体需要净化处理才能达到管输和商品气标准，经净化处理后的天然气称为净化气。

28. 自燃点：可燃物质达到某一温度时，与空气接触，无须引火即可剧烈氧化而自行燃烧的最低温度。

29. 管道压力降：受管道流体黏度和流态影响，压力随管长、流通面积和方向变化而产生的能量损耗，这种能量损失表现在压力随流向降低上。

30. 差压：两个压力之间的相对差值。

31. 表压：测量流体压力用的压力表上的读数称为表压，它是流体绝对压力与该处大气压力的差值。

32. 绝对压力：绝对真空下的压力称为绝对零压，以绝对零压为基准来表示的压力称为绝对压力，为表压和该处大气压之和。

33. 管道工作压力：为了管道系统的运行安全，根据管道输送介质的各级最高工作温度所规定的最大压力，一般用 p_t 表示。

34. 真空度：如果被测流体的绝对压力低于大气压，则压力表所测得的压力为负压，其值称为真空度。

35. 公称压力：与管道系统部件耐压能力有关的参考数值，是指与管道元件的机械强度有关，为了设计、制造和使用方便而规定的一种标准压力，用 PN 表示，其后附加压力数值，单位为 0.1MPa。例如，公称压力 1.6MPa 表示为 PN16。

36. 强度试验：用空气将管道压力升至设计压力的 1.25 倍，或者用水将管道压力升至设计压力的 1.5 倍，并稳压 4h 的试验过程。

37. 严密性试验：将管道的强度试验压力降到最大工作压力再稳压 24h 后的试验过程。

38. 公称通径：管路系统中所有管路附件用数字表示的

尺寸称为公称通径，它是供参考用的一个方便的圆整数，与加工尺寸仅成不严格的关系，用DN表示。

39. 三区：高后果区的分类主要考虑了人口密度、人口聚集程度、建筑及场所用途、周边设施、环境保护、发生灾害的严重程度等因素，划分为三类，分别是人口密集区、基础设施区、环境敏感区。

40. 三桩：里程桩、标志桩、测试桩。

41. 里程桩：用于标记管道距离和位置的设施。

42. 测试桩：用于检测和测试管道阴极保护等参数的设施。

43. 标志桩：用于标记管道方向变化、管道与地面工程（地下隐蔽物）交叉、管理单位交界、管道结构变化（管径、壁厚、防护层）、管道附属设施的地面标志，包括转角桩、穿（跨）越桩（河流、公路、铁路、隧道）、交叉桩（管道交叉、光缆交叉、电力电缆交叉）、分界桩、设施桩等。

44. 警示牌：用于标记管道位置、警告存在潜在的危险、提供联系方式的标识。

45. 地埋警示带：敷设于埋地管道上方，用于防止第三方施工损坏管道而设置的带状标识。

46. 清管系统：为清除管线内凝聚物和沉积物，隔离、置换或进行管道在线检测的全套设备。其中包括清管器、清管器收发筒、清管器指示器及清管器示踪仪等。

47. 加臭剂：一种具有强烈气味的有机化合物或混合物。当以很低的浓度加入燃气中，使燃气有一种特殊的、令人不愉快的警示性臭味，以便泄漏的燃气在达到其爆炸下限20% LEL或达到对人体允许的有害浓度时，即被察觉。常用的天然气加臭剂为四氢噻吩（C_4H_8S）。

48. 设计压力：在相应的设计温度下，用以确定管道计算壁厚及其他元件尺寸的压力值，该压力为管道的内部压力时称为设计内压力，为外部压力时称为设计外压力。

49. 最大操作压力：在正常操作条件下，管线系统中的最大实际操作压力。

50. 管道容积：管道所能容纳的物体的体积，为管道截面积与管道长度的乘积。

51. 管道内气体平均压力：相当于某一状态下管道内气体在管道内均匀分布时的压力。

52. 管道失效率：通过综合管控措施，确保管道建设期和运行期管道本体和防腐保温措施的完整性，降低腐蚀等因素对管道运行安全造成的风险。中国石油集团Ⅰ类管道失效率不高于 0.002 次 /（km・a），Ⅱ类管道失效率不高于 0.01 次 /（km・a），Ⅲ类管道失效率不高于 0.05 次 /（km・a）。

53. 管道运行时率：一定期间内管道的实际运行时间与日历时间的比值。

54. 管道运行负荷率：一定期间内管道的实际输送气量与管道设计输送能力的比值。

计量、仪表、设备

1. 压力表：以弹性元件为敏感元件，测量并指示高于环境压力的仪表。

2. 压力变送器：将压力转换成气动信号或电动信号进行控制和远传的设备。

3. **温度**：表示物体冷热程度的物理量。

4. **双金属温度计**：测量中低温度的现场检测仪表，它可以直接测量各种生产过程中的 -80 ～ 500℃范围内液体蒸气和气体介质温度。

5. **水银温度计**：通过水银受热时体积膨胀进而指示温度的仪表。

6. **热电阻**：测量中低温区的一种温度检测器。

7. **温度变送器**：将温度变量转换为可传送的标准化输出信号的仪表。

8. **可燃气体报警器**：对单一或多种可燃气体浓度响应的探测器。

9. **流量仪表的量程比**：最大流量与最小流量的比值，也称为范围度。

10. **流量计的量程**：在标称范围内流量计能够测得的最大流量与最小流量的范围。

11. **差压式流量计**：根据安装于管道中流量检测件产生的差压、已知的流体条件和检测件与管道的几何尺寸测量流量的仪表。

12. **超声波流量计**：利用超声波在流体中的传播速度或超声波多普勒原理测量流体速度来计算流量的仪表。

13. **旋进旋涡流量计**：气流通过强制旋涡发生器产生旋涡流，旋涡流频率与气体流速成函数关系，利用该原理测量气流流量的装置。

14. **罗茨流量计**：又称气体腰轮流量计，利用机械测量元件把流体连续不断地分割成单个已知的体积部分，根据计量室逐次、重复地充满和排放该体积部分流体的次数来测量流量体积总量。

15. 涡轮流量计：利用置于流体中的叶轮感受流体平均速度来测量流体流量的流量计。

16. 质量流量计：通过测量流体通过的质量为依据的流量计。

17. 流量计算机：对现场温度、压力、流量等各种信号进行采集、显示、控制、远传、通信、打印等处理，构成数字采集系统及控制系统，用于各种液体、一般气体、过热蒸汽、饱和蒸汽的流量积算测量控制。

18. 液位计：测量液位的仪表。

19. 水表：在测量条件下用于连续测量、记忆和显示流经测量传感器的水体积的计量仪表。

20. DCS 控制系统：又称为集散控制系统，一种控制功能分散、操作显示集中，采用分级结构的智能站网络。其目的在于控制或控制管理一个工业过程或工厂。

21. 可编程逻辑控制器（PLC）：采用可以编制程序的存储器，用来执行存储逻辑运算和顺序控制、定时、计数和算术运算等操作的指令，并通过数字或模拟的输入（I）和输出（O）接口，控制各种类型的机械设备或生产过程。

22. 冗余电源：用于服务器中的一种电源，是由两个完全一样的电源组成，由芯片控制电源进行负载均衡，当一个电源出现故障时，另一个电源马上可以接管其工作，在更换电源后，又是两个电源协同工作。

23. 保险端子：一种用在熔断管套内的端子，借助自身头部的弹性，保证其与熔断丝接触良好，从而保证熔断管正常工作，具有良好的导电性能。

24. 安全栅：接在本质安全电路和非本质安全电路之

间。将供给本质安全电路的电压电流限制在一定安全范围内的装置。

25. 继电器：一种电控制器件，是当输入量的变化达到规定要求时，在电气输出电路中使被控量发生预定的阶跃变化的一种电器。

26. 浪涌保护器：一种为各种电子设备、仪器仪表、通信线路提供安全防护的电子装置。当电气回路或通信线路中因为外界的干扰突然产生尖峰电流或电压时，浪涌保护器能在极短的时间内导通分流，从而避免浪涌对回路中其他设备的损害。

27. 执行机构：一种使用液体、气体、电力或其他能源并通过电动机、气缸或其他装置将其转化成驱动作用的装置。

28. 一次仪表：安装在现场且直接与工艺介质相接触的仪表，如弹簧管压力表、双金属温度计、差压变送器等。

29. 二次仪表：自动检测装置的部件（元件）之一，安装在控制室用以指示、记录或计算来自一次仪表的测量结果。

30. 节流装置：在管道中放置的一个能使流体产生局部收缩的节流元件和取压装置的总称。

31. 计量：实现单位统一、量值准确可靠的活动。

32. 法定计量单位：由国家法律承认、具有法定地位的计量单位。

33. 计量单位：为定量表示同种量的大小而约定的定义和采用的特定量。

34. 单位制：为给定量值按给定规则确定的一组基本单

位和导出单位。

35. 国际单位制：在米制的基础上发展起来的一种一贯单位制，其国际通用符号为“SI”。

36. 量纲：以量制中基本量的幂的乘积表示该量制中某量的表达式。

37. 测量设备：实现测量过程所必需的测量仪器、软件、测量标准、标准样品（标准物质）、辅助设备或它们的组合。

38. 校准：在规定条件下，为确定计量器具示值误差的一组操作。

39. 检定：由法定计量部门或法定授权组织按照检定规程，通过实验，提供证明来确定测量器具的示值误差满足规定要求的活动。

40. 强制检定：由政府计量行政主管部门所属的法定计量检定机构或授权的计量检定机构，对社会公用计量标准，部门和企事业单位使用的最高计量标准，用于贸易结算、安全防护、医疗卫生、环境监测四个方面列入国家强检目录的工作计量器具，实行定点、定期的一种检定。

41. 计量器具的周期检定：按时间间隔和规定程序，对计量器具定期进行的一种后续检定。

42. 量值传递：通过对计量器具的检定或校准，将国家基准所复现的计量单位量值通过各等级计量标准传递到工作计量器具，以保证对被测对象量值的准确和一致。

43. 准确度等级：符合一定的计量要求，使误差保持在规定极限以内的测量仪器的等别、级别，它反映了测量仪器的示值接近真值的具体程度。

44. 测量误差：测量值与真值之间始终存在着一定的差值，这一差值称为测量误差。

45. 系统误差： 在重复性条件下，对同一被测量值进行无限多次测量所得结果的平均值与被测量的真值之差。

46. 最大允许误差： 对给定的测量仪器，规范、规程等所允许的误差极限值。

47. 偏差： 一个值减去其参考值所得的数值。

48. 零点漂移： 放大器在输入信号为零的时候，输出不为零的现象。

49. 量程： 量程是度量工具的测量范围。其值由度量工具的最小测量值和最大测量值决定。

50. 测量范围： 使计量器具的误差处于允许极限内的一组被测量值的范围。

51. 输差： 某一条管道某段时间内输入气量、输出气量之差与输入气量比值的百分数。

52. 流量： 单位时间内流过管道或设备某处横截面的流体数量，分体积流量和质量流量两种。

53. 流量范围： 流量误差不超过允许值的流量仪表的最大流量和最小流量所覆盖的范围。

54. 气液联动球阀： 气液联动球阀主要由控制箱、气液罐、远传终端装置、旋转旋翼执行器、阀体、气源罐、操作箱、引压管、检测管等部件组成，埋地球阀还设有埋地中腔放空管等。

55. 压力容器： 盛装一定的工作介质，能够承受压力（包括内压和外压）载荷作用的密封容器。

56. 气体调压器： 利用被调介质自身所具有的压能自动调节，达到输出压力稳定的目的，主要用于天然气输配系统的压力调节，使外输压力稳定。

57. 切断阀： 又称为安全切断阀，是指在遇到突发情况的时候，阀门会迅速关闭或打开，避免事故的发生。

58. 分离器：把混合物分离成两种或两种以上不同物质的设备。

59. 脱硫塔：对天然气中硫化氢等含硫组分进行脱除的设备，以塔式设备居多，称为脱硫塔。

60. 柱塞泵：依靠柱塞在缸体中往复运动，使密封工作腔的容积发生变化，来实现吸液、排液的设备。

61. 齿轮泵：依靠泵缸与啮合齿轮间所形成的工作容积变化和移动来输送液体或使之增压的回转泵。

62. 叶片式泵：依靠旋转的叶轮对液体的动力作用，把能量连续地传递给液体，使液体的动能（为主）和压力能增加，随后通过压出室将动能转换为压力能，又可分为离心泵、轴流泵、部分流泵和旋涡泵等。

63. 容积式泵：依靠包容液体的密封工作空间容积的周期性变化，把能量周期性地传递给液体，使液体的压力增加从而将液体强行排出，根据工作元件的运动形式又可分为往复泵和回转泵。

64. 反应釜：通过对容器的结构设计与参数配置，实现工艺要求的加热、蒸发、冷却及低高速的混配功能。

65. 压缩机：一种将低压气体提升为高压气体的从动的流体机械，按其原理可分为容积型压缩机与速度型压缩机。

66. 蒸汽锅炉：一种利用燃料燃烧后释放的热能或工业生产中的余热传递给容器内的水，使水达到所需要的温度（热水）或形成一定压力的蒸汽的热力设备。

67. 热水锅炉：利用燃料燃烧释放的热能或其他热能（如电能、太阳能等）把水加热到额定温度的一种热能设备。

68. 真空相变加热炉： 根据热媒体中蒸汽与其他介质相比比热容大，传热效率高这一特性，在封闭容器中实现水的汽化，蒸汽与热交换器管内介质进行热量交换，管内介质通过吸收蒸汽的汽化潜热达到升温的要求，换热后的蒸汽冷凝为水，如此反复。

防腐、检测与保护

1. 管道腐蚀： 管道与周围介质发生化学、电化学和物理作用而引起的一种失效破坏现象。

2. 防腐层： 为使金属表面与周围环境隔离，达到抑制腐蚀的目的，覆盖在金属表面的保护层。常用金属管道防腐层有聚乙烯防腐层、玻璃钢防腐层、石油沥青防腐层等。

3. 金属损失： 所有管道表面金属缺失的现象统称为金属损失，通常是由于腐蚀、划伤、制造缺陷或机械损伤所致。

4. 杂散电流： 任何不按照指定通路流动的电流称为杂散电流。这些非指定的通路可以是大地、与大地接触的金属体和构筑物、管线或其他。如果带有大量杂散电流的气体管线或轻油管线被断开，在断开处将会产生电弧，并造成引燃危险。杂散电流包括直流杂散电流和交流杂散电流。

5. 直流干扰： 在大地中直流杂散电流作用下引起埋地金属结构腐蚀电位变化的现象。这种变化发生在阳极场称为“阳极干扰”，发生在阴极场称为“阴极干扰”。

6. 交流干扰： 交流电通过阻性、感性或容性耦合在邻近金属结构上产生的电效应。按交流电干扰时间的长短，交流干扰可分为瞬间干扰、持续干扰和间歇干扰三种。

7. 杂散电流腐蚀：由杂散电流流动引起的电化学腐蚀现象。管道防腐层破损点在杂散电流影响下，易与土壤介质形成电化学腐蚀。

8. 极化：由于电流通过引起的金属电极电位偏离而发生自腐蚀电位的现象。

9. 去极化：通过物理或化学手段消除或减少极化的过程。

10. 阴极极化：电极电位由于电流流动而产生的负向偏移。

11. IR 降：电流在参比电极与金属构筑物之间的电解质（土壤）内流动产生的电压降。

12. 恒电位仪：由闭环系统控制、调节输出量，使电极在离子导体中相对参比电极自动保持恒定电位的直流供电设备。仪器利用闭环反馈系统自动调整输出的直流电源设备，其输出正端接辅助阳极，负端接被保护体，参比电极端接参比电极，构成强制电流阴极保护系统。在自动工作状态下，实时检测参比电极的电位变化，与给定电位进行比较、放大，调整输出电压和输出电流的大小，直到被保护体通电点电位稳定在给定电位，即达到恒电位。

13. 辅助阳极：指采用强制电流方法为被保护的金属构筑物阴极保护提供电流的电极。

14. 阳极地床：在阴极保护系统中，保护电流经阳极地床进入土壤，再流入被保护的管道，使管道表面进行阴极极化，电流再由管道流入电源负极形成一个回路，管道在回路中处于还原环境，防止电化学腐蚀，而阳极地床进行氧化反应遭受腐蚀。

15. **牺牲阳极**：靠原电池作用为阴极保护提供电流的电极，与较惰性金属在电解质中组成电偶对，为较惰性金属提供保护的活泼金属。当它与被保护的管道连接时，自身优先离解，从而抑制了管道的腐蚀，因此称为牺牲阳极。常用的牺牲阳极有镁极、锌极、铝极三类。

16. **参比电极**：具有稳定可再现电位的电极，在测量其他电极电位值时作为参照。例如用于土壤和水中构筑物电位测量的饱和硫酸铜参比电极。

17. **保护电位**：当被保护金属表面的电位被阴极极化到所有微阳极中最负的电位值或再稍负一些时，金属表面即可达到同等电位，电化学腐蚀被迫停止，金属腐蚀也被抑制，此时的阴极电位称为阴极保护电位。最小保护电位指施加阴极保护时，被保护金属达到完全保护所需的绝对值最小的负电位值；最大保护电位指施加阴极保护时，为不引起被保护金属涂层剥离或金属表面氢脆所允许的绝对值最大的负电位值。

18. **断电电位**：在断开施加阴极保护电流的所有电源后立刻测量出的构筑物对电解质（土壤）电位，是消除了 IR 降的实际保护电位。通常情况下，应在同步切断所有电源后和极化电位尚未衰减前立刻测量。

19. **通电点**：与被保护构筑物电连接的阴极电缆连接位置，通过此连接点，保护电流流回其电源，也称汇流点。

20. **工作电位**：有保护电流输出时恒电位仪输出的极化电流值（也称通电电位），或牺牲阳极保护中牺牲阳极的电位。

21. 绝缘法兰：隔开电路连接的法兰。

22. 清管器：借助于流体压差在管内运动，用于清除管内沉积物或杂质的设备。

23. 内检测器 / 智能清管器：借助于流体压差在管内运动，检测管道缺陷（内外壁腐蚀、损伤、变形、裂纹等）、管道中心线位置和管道结构特征（焊缝、三通、弯头等）的设备。

24. 内涂层防腐：将防腐涂料涂敷于输气管道内壁，形成一层内壁涂层，减缓管道内壁腐蚀的方法称为管道内涂层防腐。

25. 缓蚀剂防腐：缓蚀剂是以适当浓度存在于腐蚀体系中且不显著改变腐蚀介质浓度却又能降低腐蚀速率的化学物质。将缓蚀剂添加到输气介质中，从而阻止金属的腐蚀或降低金属的腐蚀速度的方法称为缓蚀剂防腐。

26. 通 / 断电电位测试：通过周期性同步中断阴极保护电流，同时测得阴极保护通电电位和瞬间断电电位的方法。

27. 管道定位探测：通过设备内置的感应线圈接收管道的磁场信号，产生感应电流，从而检测管道路径与埋深的方法。

28. 无损检测：在不损伤材料的情况下，检验其内部和表面缺陷的方法，常见的方法有声发射检测、超声波检测、电磁检测等。

29. 变形检测：对管道的几何变形情况所实施的检测，其手段是发送测径清管器在管道内部检测。

30. 电磁检测：通过测量由防腐层缺陷引起的磁场

变化来确定埋地管道防腐层缺陷位置的一种地面检测技术。

31. 电火花检测：电火花检漏仪按规定电压对金属防腐层直接进行缺陷检测的方法。

32. 超声导波检测：利用导波的频散特性，通过检测频率高于20kHz声波频率的导波在构件中波速变化检测构件几何尺寸变化（管道缺陷）的检测技术，是一种无损检测技术。

33. 超声波检测：用超声波来确定壁厚，探测缺陷的检测技术，是无损检测技术的一种。

34. 管道内检测：使用一种称为“智能清管器”设备的管道检测技术，这些设备在管道中运行，能提供管壁金属缺损、变形和其他缺陷的指示。

35. 漏磁检测：一种将磁场引入磁铁两极之间管壁的内检测技术。传感器记录磁通量的变化，由此可以评价金属的缺损。

36. 交流电流衰减法：一种在现场应用电磁感应原理，采用专用仪器测量管内信号电流产生的电磁辐射，通过测量出的信号电流衰减变化，来评价管道防腐层总体情况的地表测量方法。

37. 密间隔电位测量：一种沿着管顶地表，以密间隔（一般1～3m）移动参比电极测量管地电位的方法。

38. 直流电位梯度法（DCVG）：将周期性同步通/断的阴极保护电流施加在管道上，以密间隔测量管道防腐层破损点泄漏的直流电流在地表所产生的地电位梯度变化，来确定防腐层缺陷位置、大小并识别腐蚀活性的方法。

39. 交流电位梯度法（ACVG）：将接近直流信号的超低频信号加载到埋地管道上，通过交流地电位差测量仪测试管道防腐层破损点泄漏的交流电流在地表所产生的地电位梯度变化，查找并定位防腐层破损点的方法。

40. 强制电流阴极保护：利用外加直流电源（恒电位仪），将被保护的管道与直流电源负极相连，使被保护的管道整个表面变为阴极而进行阴极化，以防止或减轻管道腐蚀的方法。强制电流阴极保护由整流电源（恒电位仪）、阳极地床、参比电极、连接电缆组成。

41. 牺牲阳极保护：利用比金属管道电位更活泼的金属，如锌、镁、铝及其合金等深埋于地下，用导线连接到被保护的金属管道上形成原电池，活泼金属作为负极发生氧化反应而消耗，被保护的金属管道作为正极，达到防止腐蚀的目的。

（二）问答

输气通用

1. 天然气的主要特性有哪些？

天然气易燃、易爆、无色、热值高、可液化，是一种清洁燃料。

2. 可燃气体的爆炸极限与哪些因素有关？

（1）与温度有关。温度越高，爆炸极限范围越大，下限降低，上限升高。

（2）与压力有关。压力越大，爆炸极限范围越大，上限升高。

（3）与介质有关。如氯中含氢、氢中含氧能增加爆炸的危险性；惰性气体增加，爆炸范围则会缩小，有水存在时，燃气爆炸能力降低，爆炸强度减弱，爆炸极限范围减小，甚至不爆炸。

（4）与点火源有关。一般来说点火源能量强度越高，加热面积越大，作用时间越长，点火的位置越靠近混合气体中心，则爆炸极限范围越大。

（5）与容器的尺寸和材质有关。尺寸越小，爆炸范围越小。

3. 液化天然气（LNG）输送的特点是什么？

天然气液化后体积缩小为 1/600，便于储存运输。液化输送特点为长距离输送、成本高、技术标准高。

4. 天然气管道输送的特点是什么？

管道输送天然气稳定、地域广、距离长，供应连续。

5. 空气中甲烷含量达到多少会对人体产生危害？

一般空气中甲烷含量达到 25% ～ 30% 时，空气中氧气含量下降，人会头痛、头晕、乏力、注意力不集中、呼吸和心跳加速，若不及时远离，可致窒息死亡。

6. 天然气的流速与哪些因素有关？

天然气的流速主要影响因素为管径和流量，与气体压力、温度、相对密度也有一定关系。

7. 常用阀门按公称压力有哪些分类？

（1）真空阀：工作压力低于标准大气压。

（2）低压阀：公称压力≤ PN16。

（3）中压阀：公称压力 PN25 ～ PN63。

（4）高压阀：公称压力 PN100 ～ PN800。

（5）超高压阀：公称压力≥ PN1000。

8. 常用阀门按结构形式可分为哪几类？

常用阀门按结构形式可分为闸阀、球阀、蝶阀、截止阀等，如图 1 所示。

图 1 阀门的结构形式

9. 常用阀门按用途可分为哪几类？

（1）截断阀类：主要用于截断或接通管路中的介质流。如截止阀、闸阀、球阀、旋塞阀、蝶阀、隔膜阀等。

（2）止回阀类：用于阻止介质倒流。

（3）调节阀类：主要用于调节管路中介质的压力和流量，如调节阀、节流阀、减压阀、减温减压装置等。

（4）分流阀类：用于改变管路中介质流动的方向，起分配、分流或混合介质的作用。如各种结构的分配阀、三通或四通旋塞、三通或四通球阀及各种类型的疏水阀等。

（5）安全阀类：用于超压安全保护，通过排放多余介质防止压力超过规定数值。

10. 闸阀的结构和工作原理是什么？

（1）结构：闸阀主要由阀体、阀座、阀杆、阀盖、闸板、压板等组成，如图 2 所示。

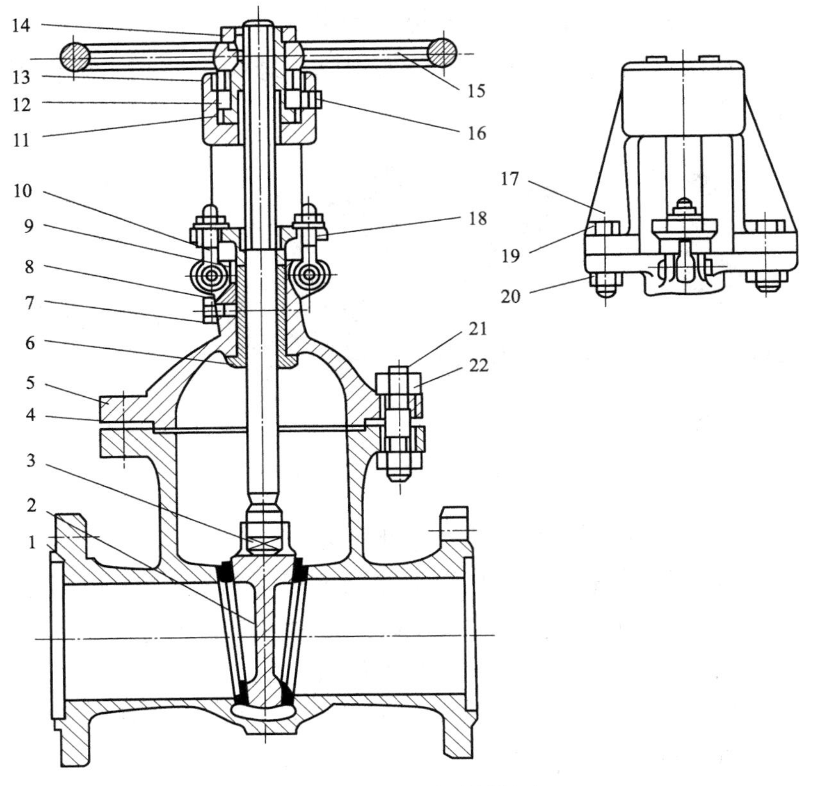

图 2　明杆闸阀结构图

1—阀体；2—阀板；3—阀杆；4—垫片；5—阀盖；6—上密封座；7—螺塞；8—带孔填料垫；9—填料；10—活节螺栓；11—阀杆螺母；12—轴承；13—轴承压盖；14—锁紧螺母；15—手轮；16—油杯；17—支架；18—填料压盖；19—螺栓；20、22—螺母；21—螺柱

(2) 工作原理：在阀体内设一个与介质流向成垂直方向的平面闸板，靠这一闸板的升降来开启或关闭介质的通路。

(3) 作用：在管道上主要起截断作用。

11. 截止阀的结构和工作原理是什么？

（1）结构：截止阀主要由阀体、阀盖、阀杆、阀瓣及驱动装置组成，如图 3 所示。

（2）工作原理：截止阀的关闭是依靠阀杆压力，使阀瓣密封面与阀座密封面紧密贴合，阻止介质流通。

（3）作用：在管道上主要起截断作用。

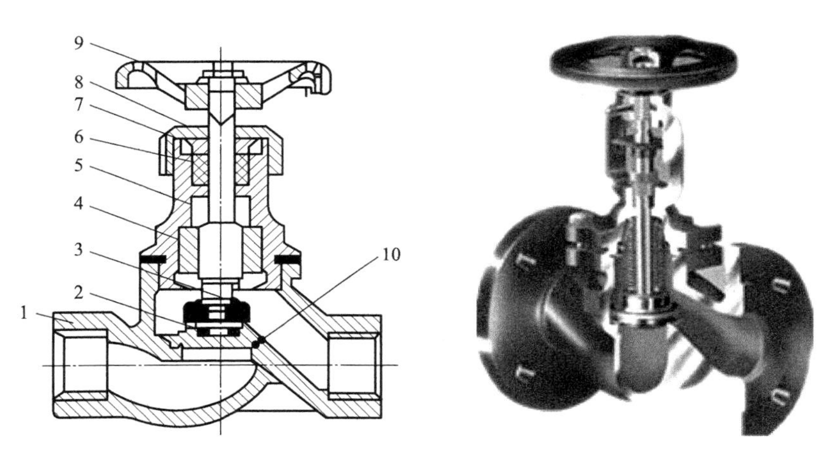

图 3　截止阀结构图

1—阀体；2—阀瓣；3—阀杆；4—阀杆螺母；5—阀盖；6—填料；7—填料压套；8—压套螺母；9—手轮；10—阀座

12. 球阀的结构和工作原理是什么？

（1）结构：球阀主要由阀体、球体、密封圈、阀杆及驱动装置组成，如图 4 所示。

（2）工作原理：它具有旋转 90° 的动作，有圆形通孔或通道通过其轴线。当球旋转 90° 时，在进口、出口处应全部呈现球面，从而截断流动。

（3）作用：在管道上主要起截断介质流动方向的作用。

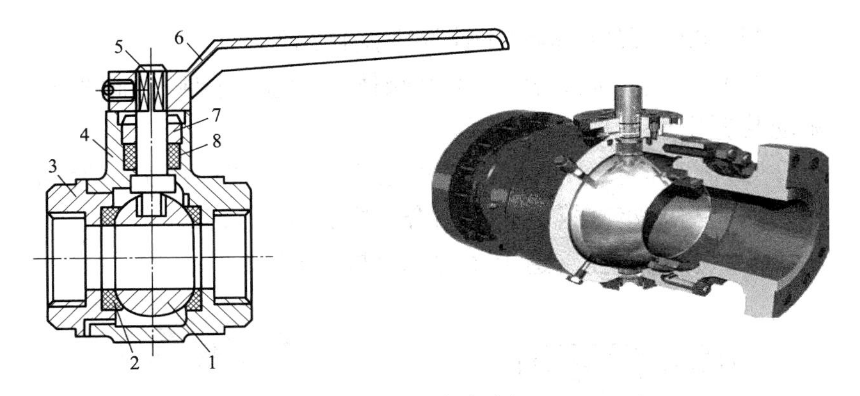

图 4　浮动球球阀

1—浮动球体；2—固定密封阀座；3—阀盖；4—阀体；5—阀杆；6—手柄；7—填料压盖；8—填料

13. 止回阀的作用和结构是什么？

（1）结构：止回阀主要由阀体、阀瓣、阀盖及其他装置组成，如图 5 所示。

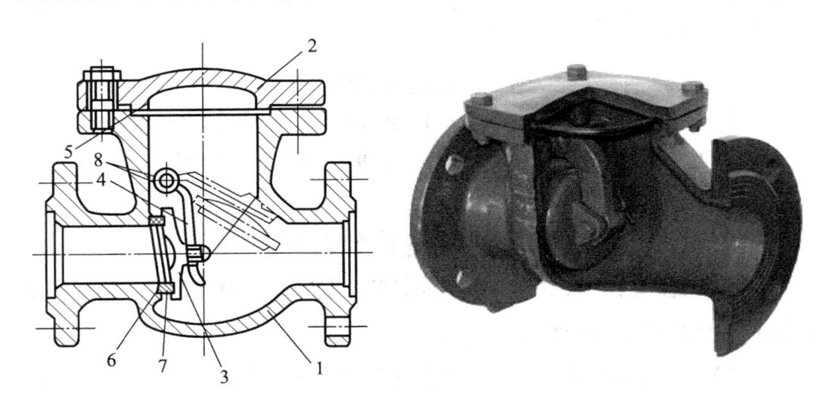

图 5　止回阀

1—阀体；2—阀盖；3—阀瓣；4—摇杆；5—垫片；6—阀体密封圈；7—阀瓣密封圈；8—旋转轴

（2）工作原理：依靠介质本身的流动自动开闭阀瓣，使介质只能单方向流动。

（3）作用：防止介质倒流。

14. 安全阀的作用是什么？有哪几种？

（1）作用：安全阀用于超压安全保护，通过排放多余介质，防止装置中介质压力超过规定数值。

（2）分类：安全阀分为杠杆式安全阀、弹簧式安全阀、先导式安全阀，如图 6 所示。

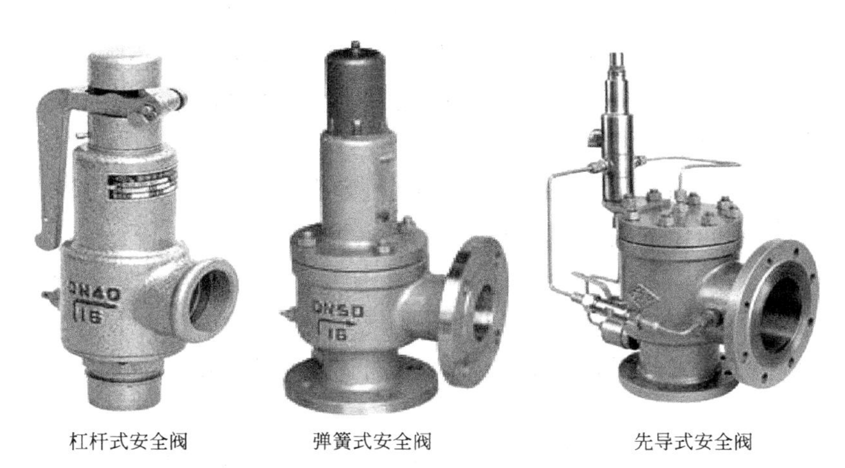

图 6　安全阀的种类

15. 法兰密封面有哪些形式？

法兰密封面包括凹面 / 凸面、榫面 / 槽面、全平面和环连接面等。

16. 常用管件有哪几种？

常用管件有短管、弯头、三通、异径管、法兰、盲板、阀门等。

17. 燃烧的三要素是什么？

（1）可燃物：能与空气中的氧或其他氧化剂起燃烧反应的物质，如木材、布料、天然气、石油等。

（2）助燃物：帮助和支持可燃物质燃烧的物质，如氧气、空气或其他氧化物。

（3）着火源：供给可燃物与助燃剂发生燃烧反应能量的来源。除明火外，电火花、摩擦、撞击产生的火花以及引起可燃物质燃烧的热能等因素都可称为着火源。

当这三个要素同时具备并相互作用时就会产生燃烧。

18. 可燃气体检测仪的结构、分类及主要应用有哪些？

（1）结构：可燃气体检测仪主要包含内置泵、报警器、传感器等部件。

（2）分类：常用可燃气体检测仪分为单一可燃气体检测仪和四合一可燃气体检测仪。

（3）应用：①对设备、管道中可燃气体进行泄漏检测；②对设备管道置换后残留的可燃气体进行检测；③对生产场所出现的异常情况或在处理事故时进行应急检测；④可燃气体生产场所值班人员巡检时检测。

19. 管堤上方标识设置的基本原则和要求有哪些？

（1）基本原则。

① 同一条管道标识的材质、外观尺寸、规格、形式、颜色与内容宜保持一致，内容规范、标识清晰、安装可靠、维护方便。

② 桩体宜设置在路边、田埂、堤坝等空旷荒地处。

③ 同沟敷设管道的地面标识宜分别设置，并行管道的地面标识应分别设置，且应清晰、醒目、便于区分。

④ 管道改线后，改线管段作为一段单独管道按照相关

标准设置地面标识，采用“改线起始点桩号＋改线段内管道长度”的方法独立编号，其他管段编号不变。

（2）基本要求。

① 地面标识应埋设在被标志对象的正上方，除转角桩、改线标志桩外，现场埋设条件受限时可沿管道轴向方向适当调整桩牌间距，调整间距不宜超过 50m。

② 穿越桩的正面应背向被穿越的建、构筑物，其他未做详细说明的标志桩正面均应面向来油气方向。

20. 标志桩、里程桩、测试桩及警示牌具体如何设置？

（1）标志桩。

① 埋地管道水平方向转角大于 5° 时应设置转角桩，转角桩设置在转折段中点管道中心线的正上方。

② 埋地管道与其他地下构筑物（如电缆、其他管道、坑道等）交叉时应设置交叉桩，交叉桩设置在交叉点正上方，可由测试桩代替。

③ 管道沿线设有固定墩、牺牲阳极、埋地绝缘接头、杂散电流排流设施、辅助阳极地床及其他地下附属设施处应设置设施桩，设施桩设置在所标识物体的正上方。牺牲阳极、杂散电流排流设施、辅助阳极地床设施桩可由测试桩替代。

④ 管道穿越铁路时，应在铁路两侧设置穿越桩。穿越桩设置在铁路用地边界线外 2m 处管道中心线的正上方。

⑤ 管道穿越公路时，应按下列要求设置穿越桩：（a）管道穿越高速公路、一级公路、二级公路及穿越长度大于 50m（含 50m）的三级、四级公路时，应在公路两侧设置穿越桩。设置位置为公路排水沟。（b）管道穿越三级、四级公路时，应在公路一侧设置穿越桩。设置位置为管道上

游的公路排水沟外边缘以外 1m 处；无边沟时，设置在距路边缘 2m 处。

⑥ 当管道穿越河流、渠道时，应按下列要求设置穿越桩：（a）管道穿越河流、渠道长度大于 50m（含 50m）时，应在其两侧设置穿越桩。设置位置在河流、渠道堤坝坡脚处或距岸边 3 ～ 10m 处的稳定位置。（b）管道穿越河流、渠道长度小于 50m 时，应至少在其一侧设置穿越桩。设置位置在管道上游的河流、渠道堤坝坡脚处或距岸边 3 ～ 10m 处的稳定位置。

⑦ 定向钻穿越时，应在两端出入土位置的管道正上方设置穿越桩；顶管穿越时，宜在竖井位置设置穿越桩。

⑧ 改线管段前后动火连头点作为改线管段的起点、终点，应在起点、终点处管道正上方设置改线标志桩。

⑨ 管道穿越高后果区时，应设置加密桩，根据可视性、通视性要求及现场实际情况确定埋设位置，同一位置已有其他桩牌时，不宜重复设置加密桩。

（2）里程桩。

① 里程桩宜与测试桩合并设置。

② 里程桩上应标记该处管道里程，单位应精确到米。

（3）测试桩。

① 测试桩应自首站 0km 起设置，相邻测试桩间隔不应大于 1km。

② 在杂散电流干扰影响区域内，可适当加密。

③ 同时应在绝缘接头、金属套管与其他管道或设施连接处以及辅助阳极等特殊位置安装。

（4）警示牌。

① 警示牌应设置在管道穿越大中型河流、隧道、邻近

水库及泄洪区、水渠、人口密集区、自然与地质灾害频发区、采空区、第三方施工活动频繁区等地段。

② 管道穿越河流、水渠时，按下列要求设置警示牌：（a）穿越河流、水渠长度大于或等于50m时，应在其两侧设置警示牌；（b）穿越河流、水渠长度小于50m时，可在其一侧设置警示牌；（c）警示牌设置在河流、水渠堤坝坝外坡脚处或距岸边3m处；（d）管道穿越通航河流时，应与航运部门协商，设置“禁止抛锚”的警示牌。

③ 管道架空段的起点和终点处应设置警示牌。

④ 管道通过铁路、公路、通航河流、航空港附近等区域时，应满足有关部门关于设置警示标识的规定。

⑤ 当警示牌与加密桩需在同一位置埋设时，应仅设置警示牌。

21. 标志桩、里程桩、测试桩及警示牌上应标有什么内容？

（1）一般要求。

① 地面标识的喷刷涂料应选用具有较好附着力和耐候性、不易褪色的涂料。

② 地面标识上的所有汉字、字母、阿拉伯数字的尺寸、色彩要符合地面标识喷刷色彩规范（RGB色值）的要求，边框、字迹（边缘）要求清晰。除警示牌外，字体应采用宋体。

③ 设置的同类标记形式与内容应保持一致。

（2）标志桩应准确体现设置处的信息，具体应包括中国石油标志、标志图、管道里程信息、联系电话。正面：上部为标志图，下部为管径信息；左侧面：上部为中国石油标志，下部为管道名称、管道里程；右侧面：上部为中国石油标志，下部为管理单位名称、联系电话。加密桩四面标记桩体编号、管道名称、管道里程、管理单位和联系电话，并根据具体情况选用警示用语。

（3）里程桩、测试桩在铭牌标注中国石油标志、管道名称、管道里程、管理单位、联系电话及编号。

（4）警示牌：应针对潜在的风险确定警示用语。

22. 管道腐蚀的原因有哪些？

（1）电化学腐蚀：不纯的金属与电解质溶液接触时，会发生原电池反应，比较活泼的金属失去电子而被氧化，这种腐蚀称为电化学腐蚀。

（2）化学腐蚀：化学腐蚀是指金属材料在干燥气体和非电解质溶液中直接起化学作用生成化合物的过程中没有电化学反应的腐蚀。

23. 什么是管道完整性管理？包含哪些工作？

管道完整性管理指对管道面临的风险因素不断进行识别和评价，持续消除识别到的不利影响因素，采取各种风险减缓措施，将风险控制在合理、可接受的范围内，最终实现安全、可靠、经济运行管道的目的。

管道完整性管理工作环节包括数据采集与整合、高后果区识别、风险评价、完整性评价、维修维护、效能评价共六个环节。

24. 基于风险的完整性管理有何意义？应如何开展？

基于风险的完整性管理方法，要求对管道有更多的了解，才能完成更多数据、更为广泛的风险评价和分析。其在检测时间间隔、检测工具、减缓和预防方法方面，选择范围更大。基于风险的完整性管理方法的效果，应达到或优于规定的完整性管理方法的效果。

基于风险的完整性管理方案中应包含下列内容：（1）对所用风险分析方法的描述。（2）各管段所有相关数据的记录及获取来源。（3）确定完整性评价时间间隔和减缓（维修和预防）方法的分析记录。（4）编制效果分析表，及时测试管道企业选用的基于风险的完整性管理方案的有效性。

25. 管道完整性管理与 HSE 管理的关系是什么？

管道完整性管理是 HSE 管理的一部分。HSE 是主要的管理体系，管道完整性管理是在这一体系的要求下，合理、经济地保障管道的安全。只有做到减少事故的发生，才能做到不造成对环境和人员的伤害，才能够真正贯彻、执行好 HSE 的要求。

26. 如何对管道完整性的危害进行分类？

完整性管理的第一步，是识别影响完整性的潜在危害，所有不利于管道完整性的危害都应考虑。依据国际管道研究委员会对输气管道事故数据的分析，将其划分为 3 种缺陷类型 9 种相关失效类型。

（1）与时间有关的因素：①外腐蚀；②内腐蚀、磨蚀；③应力腐蚀开裂、氢致损伤。

（2）固有的因素：①与制管有关的缺陷，如管体焊缝缺陷、管体缺陷；②与焊接或施工有关的因素，如管道环焊缝缺陷（包括支管）、T 形接头焊缝、制造焊缝缺陷、褶皱弯管或屈曲、螺纹磨损、管子破损、接头失效；③设备因素，如 O 形垫片 / 圈失效、控制或泄压设备故障、密封或泵填料失效等。

（3）与时间无关的因素：①第三方或机械损坏，如甲方、乙方或第三方造成的损坏（瞬间或立即失效）、管子旧伤（如凹陷、划痕或滞后性失效）、故意破坏；②误操作；

③自然灾害和外力因素，如低温、雷击、暴雨或洪水、土体移动。

此外还应考虑多种危害（即在一个管段上同时发生的一个以上的危害）的相互作用，例如，出现腐蚀的部位又受到第三方损坏。

管道企业在进行管道系统或管段的完整性管理时，应单独或按 9 种类型考虑每一种危害并进行危害分析。根据时间因素和失效模式分组，正确进行风险评价、完整性评价，采取减缓措施。

27. 管道完整性管理中管道分类的依据是什么？

管道完整性管理中管道分类依据见表 1、表 2。

表 1　集气、轻烃管道分类

管径	$p \geqslant 16$	$9.9 \leqslant p < 16$	$6.3 \leqslant p < 9.9$	$p < 6.3$
DN ≥ 200	Ⅰ类管道	Ⅰ类管道	Ⅰ类管道	Ⅱ类管道
100 ≤ DN<200	Ⅰ类管道	Ⅱ类管道	Ⅱ类管道	Ⅱ类管道
DN<100	Ⅰ类管道	Ⅱ类管道	Ⅱ类管道	Ⅲ类管道

表 2　输气管道分类

管径	$p \geqslant 6.3$	$4.0 \leqslant p < 6.3$	$2.5 \leqslant p < 4.0$	$p < 2.5$
DN ≥ 400	Ⅰ类管道	Ⅰ类管道	Ⅰ类管道	Ⅱ类管道
200 ≤ DN<400	Ⅰ类管道	Ⅱ类管道	Ⅱ类管道	Ⅱ类管道
DN<200	Ⅰ类管道	Ⅱ类管道	Ⅱ类管道	Ⅲ类管道

注：(1) p，运行期管道采用最近 3 年的最高运行压力，建设期管道采用设计压力，MPa；DN，公称直径，mm。

(2) 硫化氢含量大于等于 5%（体积分数）的原料气管道，直接划分为Ⅰ类管道。

(3) Ⅰ、Ⅱ类管道长度小于 3km 的，类别下降一级；Ⅱ、Ⅲ类管道长度大于或等于 20km 的，类别上升一级；Ⅲ类管道中的高后果区管道，类别上升一级。

28. 应对不同类别、不同风险的管道应采取怎样不同的完整性管理工作方法和模式？

（1）Ⅰ类、Ⅱ类管道开展高后果区识别和风险评价，筛选出高风险级管道，优选适合的方法开展检测、评价和修复工作，降低管道失效率，减少管道更换费用。

（2）Ⅲ类管道强化管道日常管理和维护工作，突出失效分析、腐蚀分析、腐蚀控制、日常巡护和维抢修工作，控制和消减风险，实现由事故管理向预防性管理转变，降低管道失效率和管道更换费用。

（3）应制订中长期规划和年度工作方案，确保年度管道的失效率和更新改造维护费用控制在合理范围。

29. 管道数据采集包含哪些内容？

管道完整性管理专业数据分为基础数据和业务数据，其主要内容包括：管道属性数据（如中心线数据、基础数据等）、管道环境及人文数据（如地理信息数据、建筑、穿跨越、卫星遥感图像等）、管道建造数据（如阴极保护系统数据、设施数据等）、管道运行数据、风险数据、失效管理数据、检测数据、维修维护数据等。具体内容如下：

（1）管道信息。

① 地理信息数据。数据成果坐标系、中心线控制点、测量控制点。

② 管道基础信息。管段基本信息、注水（气、汽）管线、水处理系统管线、途经场站阀室。

③ 管道设施。穿跨越、线路阀门、水工保护、桩、三通、弯头、光缆、第三方设施。

（2）管道运行。管道运行日常数据、清管收发球数据。

（3）检测评价。管道内检测数据、管道内腐蚀直接评价数据、管道外腐蚀直接评价数据、防腐层等级、防腐层漏损点、管道本体缺陷、焊缝无损检测、压力试验、土壤腐蚀性。

（4）阴极保护。

① 阴保设施基础信息。绝缘装置、排流装置、牺牲阳极、阳极地床、测试桩、阴保电源。

② 阴保测试信息。阴极保护有效性评价数据、管道电位测试记录表、交流干扰调查记录表、直流干扰调查记录表、绝缘接头测试记录表、牺牲阳极测试记录表、阴保电源调查记录表。

（5）维修维护。管道本体缺陷修复数据、管线更换情况动态表、缓蚀剂加注情况记录。

（6）风险管理。高后果区信息数据、管道风险评价信息数据、地质灾害风险识别数据。

（7）巡线管理。第三方施工、管道浮露管、管道周边建筑物。

（8）效能管理。管道完整性管理方案、气田管道失效数据、完整性管理审核结果、完整性管理执行结果、管道效能指标数据。

30. 高后果区识别应遵循什么原则？

管道的高后果区识别应按照管道分类分级管理原则实施：

Ⅰ类管道、Ⅱ类管道高后果区识别工作应每年开展1次，并形成高后果区识别报告或高后果区识别清单。如发生管道改线、周边环境重大变化时，应及时开展识别并更新识别结果。Ⅲ类管道优先采用区域法开展高后果区识别，重点对位于区域管网边界处、可能造成人员安全和环保事故的管道进行识别。

在高后果区识别结束后，需填写《高后果区信息数据》表单中所有内容。

31. 管道高后果区识别和风险评价如何开展？

管道的高后果区识别和风险评价流程如图 7 所示。

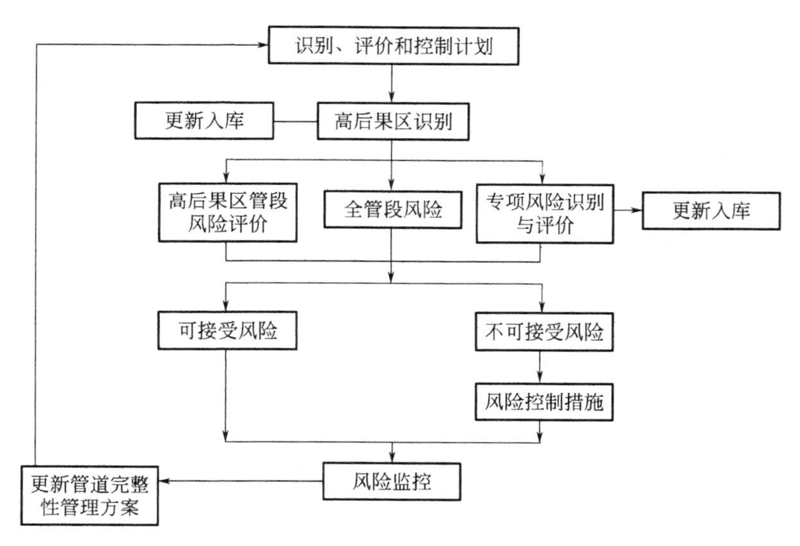

图 7　管道高后果区识别和风险评价流程

32. 如何划分管道沿线地区等级？

按管道沿线居民户数和（或）建筑物的密集程度等划分等级，分为四个地区等级，相关规定如下：

（1）沿管线中心线两侧各 200m 范围内，任意划分成长度为 2km 并能包括最大聚居户数的若干段，按划定地段内的户数应划分为四个等级。在农村人口聚集的村庄、大院及住宅楼，应以每一独立户作为一个供人居住的建筑物计算。地区等级应按下列原则划分：①一级一类地区：不经常有人活动及无永久性人员居住的区段；②一级二类地区：户数在15户或以下的区段；③二级地区：户数在15户以上100户以下的区段；④三级地区：户数在100户或以上的区段，包括市郊居住区、商业区、工业区、规划发展区以及不够四级地区条件的人口稠密区；⑤四级地区：四层及四层以上楼房（不计地下室层数）普遍集中、交通频繁、地下设施多的区段。

（2）当划分地区等级边界线时，边界线距最近一户建筑物外边缘应大于或等于200m。

（3）在一、二级地区内的学校、医院以及其他公共场所等人群聚集的地方，应按三级地区选取。

（4）当一个地区的发展规划，足以改变该地区的现有等级时，应按发展规划划分地区等级。

（5）特定场所是指除三级、四级地区外，由于管道泄漏可能造成严重人员伤亡的潜在区域。包括以下地区：Ⅰ级：医院、学校、托儿所、幼儿园、养老院、监狱、商场等人群难以疏散的建筑区域；Ⅱ级：在一年之内至少有50天（时间计算不需连贯）聚集30人或更多人的区域，例如集贸市场、寺庙、运动场、广场、娱乐休闲地、剧院、露营地等。

33. 什么是潜在影响半径？如何计算？

天然气管道发生事故，可能对周边公众安全造成威胁的最大半径称为潜在影响半径，可依据潜在影响半径计算天然气管道发生事故时可能影响的区域。

气田管道潜在影响半径，可按如下公式计算：

$$r = 0.099\sqrt{d^2 p}$$

式中 d——管道外径，mm；

p——管段最大允许操作压力（MAOP），MPa；

r——受影响区域的半径，m。

34. 如何识别高后果区？

高后果区指管道泄漏后可能对公众和环境造成较大不良影响的区域。高后果区按照管道泄漏危害形式可分为人口密集类、环境敏感类、重要设施类。

（1）输油管道高后果区识别准则。

管道经过区域符合如下任何一条的区域为高后果区：①管道经过的四级地区；②管道经过的三级地区；③管道两侧各200m内有村庄、乡镇等；④管道两侧各50m内有高速公路、国道、省道、铁路及易燃易爆场所等；⑤管道两侧各200m内有湿地、森林、河口等国家自然保护地区；⑥管道两侧各200m内有水源、河流、大中型水库。

（2）输气管道高后果区识别准则。

管道经过区域符合如下任何一条的区域为高后果区：①管道经过的四级地区；②管道经过的三级地区；③如果管径大于762mm，并且最大允许操作压力大于6.9MPa，其天然气管道潜在影响区域内有特定场所的区域，潜在影响半径按照相应公式计算；④如果管径小于273mm，并且最大允许操作压力小于1.6MPa，其天然气管道潜在影响区域内有特定场所的区域，潜在影响半径按照相应公式计算；⑤其他管道两侧各200m内有特定场所的区域；⑥除三级、四级地区外，管道两侧各200m内有加油站、油库等易燃易爆场所。

35. 高后果区管理工作有哪些要求？

（1）依据高后果区识别和排序结果，管道管理者应及时制订和调整风险评价、完整性评价计划或其他控制措施，体现对高后果区管段的重点管理。

（2）对已确定的高后果区，每年复核一次，最长不超过 18 个月。

（3）当管道出现以下情况时，应及时进行高后果区识别更新：管道最大允许操作压力改变、输送介质改变、高后果区影响区域土地用途改变或现有建筑物使用用途改变、管道改线、改造、地区等级改变；纠正错误的管道数据，且该数据对高后果区识别结果产生影响。

（4）每年应对管道高后果区的变化情况进行统计和对比，并分析变化原因，根据情况提出建议措施。

（5）对于高后果区和高风险管段加密巡线周期，每日巡检次数宜不低于一次。

（6）当管线风险等级发生变化后，对新增的高后果区、高风险等管段应增加相应的警示标志和监控措施，变化后的管道风险等级按照相应风险等级巡线周期开展巡护。

36. 管道风险评价包含哪些因素？

（1）风险评价方法中失效可能性应考虑以下影响因素：①腐蚀，如外腐蚀、内腐蚀和应力腐蚀开裂等；②管体制造与施工缺陷；③第三方损坏，如开挖施工破坏、打孔盗油（气）等；④自然与地质灾害，如滑坡、崩塌和水毁等；⑤误操作。

（2）风险评价方法中失效后果应考虑以下影响因素：①人员伤亡影响；②环境污染影响；③停输影响；④财产损失。

37. 制订风险减缓措施的原则有哪些？

对于定性风险评价，管道管理单位应根据风险的不同提出相应的风险减缓措施，基本原则如下：

（1）高风险管道应重点管控，必须采取风险减缓措施以降低风险。

（2）中等风险为可管理的风险，应基于成本效益分析的基础上采取减缓措施并进行优先排序。

（3）低风险为可接受的风险，应进行监控和维持现有措施，以保持风险状态。

（4）对于半定量的高风险及定量风险评价的不可接受风险需由评价的专业机构与管理方充分沟通，提出有针对性的风险缓解措施。

38. 什么是管道完整性评价？

管道完整性评价指采取适用的检测或测试技术，获取管道本体状况信息，结合材料与结构可靠性等分析手段，对管道的安全状态进行全面评价，从而确定管道适用性的过程。常用的完整性评价方法有内检测、压力试验和直接评价等。

39. 在进行管道完整性评价时要考虑哪些因素？

管道完整性评价时应考虑以下因素：

（1）应周期性地开展管道完整性评价。

（2）应根据风险评估结果、运行条件和经济条件等因素选择适宜的管道完整性评价方法。

（3）完整性评价方法包括内检测评价、压力试验、直接评价以及其他技术上证明能够确认管道完整性的评价方法。

（4）当管道升压运行、输送介质改变等运行工艺条件变化或封存管道再启用时，应进行完整性评价。

40. 依据高后果区识别结果、管道风险评价、完整性评价的结果，后续应如何开展管道完整性管理工作？

根据高后果区识别结果，管道管理者应及时制订风险评价计划，实施风险评价。根据管道风险评价结果，针对可能存在的威胁制订和执行预防性的风险减缓措施。根据管道完整性评价结果，对存在问题的管道进行维修与维护。

41. 管道失效管理流程有哪些步骤？

管道失效管理流程如图8所示。

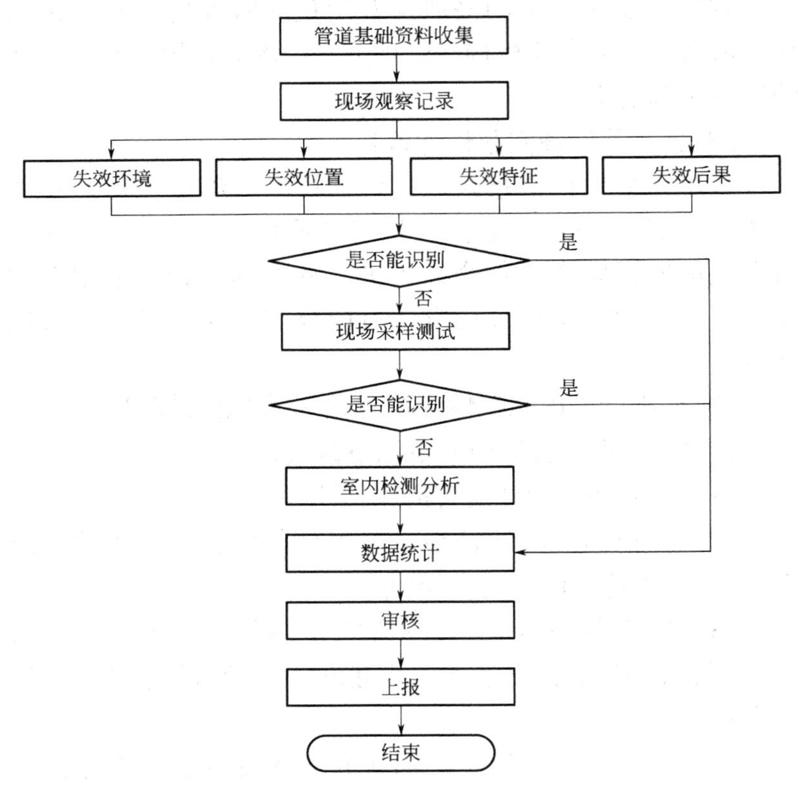

图8　管道失效管理流程图

42. 管道发生事件时应记录哪些信息？

（1）第三方施工事件。

① 记录第三方施工发现及结束时间、发现地点、施工单位、施工现场负责人联系方式、施工内容以及其他现场信息。

② 告知施工方管线介质、走向、运行压力等信息后向施工方下发《危险危害告知书》并拍照留档。

③ 留存第三方施工交底记录、协商记录、施工期间保护措施记录、应急处置情况等记录。

④ 每日对第三方施工监管情况进行记录。

（2）管道失效事件。

① 记录失效发现时间、发现地点、现场信息。

② 记录失效管道的基础信息：管道名称、规格、介质、运行压力、材质、防腐等信息。

③ 记录管道失效信息：失效位置（失效点坐标或距管道起点距离）、失效原因、失效部位埋深、失效情况现场照片。

④ 记录失效应急处置情况及维修维护情况，并留存修复后照片（回填前后）。

⑤ 填写管道完整性管理监督检查记录。

（3）管道维修维护事件。

① 记录维护维修开始与结束时间、维修维护地点、现场情况。

② 记录维修维护管道的基础信息：管道名称、规格、介质、运行压力、材质、防腐等信息。

③ 记录管道维修维护信息：维修维护的位置（维修维护点坐标或距管道起点距离）、维修维护原因、维修维护部位埋深、维修维护方式以及使用材料的材质、作业现场照片

(工作前后、回填前后)。

④ 填写管道完整性管理监督检查记录。

43. 如何对管道失效数据进行分类?

失效数据采集按照识别的三个步骤和三个层次的失效现象,采用"三级识别"策略:

(1) 一级识别的主要内容包括管道基础资料收集和对失效环境、失效位置、失效特征及失效后果的观察与分析。

(2) 一级识别无法确认类型的失效事件,宜开展二级识别,二级识别是在一级识别的基础上开展现场采样测试,包括对现场水样、气样、固体、微生物以及管道电化学参数的测试与分析。

(3) 对于通过二级识别无法确认类型的失效事件,宜开展三级识别。三级识别是在二级识别的基础上开展的室内检测分析,通过室内测试、结果分析和专家论证。

管道三种级别所对应的失效类型见表3。

表3 管道三种级别失效类型

序号	级别	管道种类	可识别失效大类	失效类型
1	一级识别	金属管道	内腐蚀、外腐蚀、制造与施工缺陷、第三方破坏、运行操作不当、自然灾害	电偶腐蚀、冲刷腐蚀、垢下腐蚀、水线腐蚀、外防护层失效、管体缺陷、施工焊缝缺陷、第三方破坏、结垢堵管、误操作、水文灾害、地质灾害
		非金属管道	非金属管道失效	管体失效、接头处失效

续表

序号	级别	管道种类	可识别失效大类	失效类型
2	二级识别	金属管道	—	二氧化碳腐蚀、细菌腐蚀、土壤自然腐蚀、阴极保护失效、杂散电流腐蚀
3	三级识别	金属管道	应力腐蚀开裂、制造与施工缺陷	溶解氧腐蚀、硫化氢等其他介质腐蚀、内部介质引起的应力腐蚀开裂、外部介质引起的应力腐蚀开裂、管体缺陷、施工焊缝缺陷

44. 在不同条件下应如何应用管道检测方法？

完整性管理中管道检测方法及应用见表 4。

表 4　管道检测方法及分类

检测内容	可采用的检测方法
内检测	具备智能内检测条件时优先采用智能内检测
内腐蚀评价	有内腐蚀风险时开展直接评价
敷设环境调查	开展管道标识、穿跨越、辅助设施、地区等级、建（构）筑物、地质灾害敏感点等调查
土壤腐蚀性检测	当管道沿线土壤环境变化时，开展土壤电阻率检测
杂散电流测试	开展杂散电流干扰源调查，测试交直流管地电位及其分布，推荐采用数据记录仪
防腐层（保温）检测	采用交流电流衰减法和交流电位梯度法（ACAS+ACVG）组合技术开展检测

续表

检测内容	可采用的检测方法
阴极保护有效性检测	对采用强制电流保护的管道，开展通断电位测试，并对高后果区、高风险级管段推荐开展CIPS检测；对牺牲阳极保护的高后果区、高风险级管段，推荐开展极化探头法或试片法检测
开挖直接检测	优先选择高后果区、高风险段开展开挖直接检测，推荐采取超声波测厚等方法检测管道壁厚，必要时可采用C扫描、超声导波等方法测试；推荐采取防腐层黏结力测试方法检测管道防腐层性能
压力实验	无法开展智能内检测和直接评价的管道选择压力试验
专项测试	必要时可开展河流穿越管段敷设状况检测、公路铁路穿越检测和跨越检测等

45. 依据管道定性风险评价，风险等级如何划分？安全对策措施有哪些要求？

（1）根据事故发生的可能性和严重程度等级，将风险等级分为三级：低、中、高，见表5。

表5　管道风险等级分级（定性分析）

后果严重程度		失效可能性		
		低	中	高
		1	2	3
轻微	1	低	低	中
较大	2	低	中	中
严重	3	中	中	高

若管道曾经五年内发生过两次及以上失效且管段经过三级及以上地区等级，则该管段直接判定为高风险管段；若管道检测发现超标缺陷且管段经过三级及以上地区等级，则该管段直接判定为高风险管段。

（2）风险等级与安全对策措施要求见表6。

表6 管道风险等级与安全对策措施

风险等级	要求
低	当前应对措施有效，不必采取额外技术、管理方面的预防措施
中	有进一步实施预防措施以提升安全性的必要，根据实际情况采取措施
高	采用半定量风险评价方法进一步确认风险等级，确认后按半定量结果采取措施

输气管道

1. 油田伴生气集输的基本流程是什么？

井场—集气管网—联合站—油气处理厂—输气干线—配气站—配气管网—用户，实现集气、油气分离、计量、净化、增压、配气。

2. 输气系统基本组成是什么？

矿场集气系统、干线输气系统、城市配气系统，三大输气系统各自形成管网系统。

3. 天然气分输站场的生产区有哪些？

天然气分输站场的生产区主要包括：分离过滤区、计量区、调压区、阀组区、收发球区、放空区、排污区等。

4. 输气站主要任务有哪些？

输气站是输气管道工程中各类工艺站场的总称，其功能包括接收天然气、加热、冷却、过滤分离、增压、分输、储配气、接收和发送清管器等。

5. 压力管道按压力如何划分级别？

高压燃气管道 A：$2.5\text{MPa} < p \leqslant 4.0\text{MPa}$。

高压燃气管道 B：$1.6\text{MPa} < p \leqslant 2.5\text{MPa}$。

次高压燃气管道 A：$0.8\text{MPa} < p \leqslant 1.6\text{MPa}$。

次高压燃气管道 B：$0.4\text{MPa} < p \leqslant 0.8\text{MPa}$。

中压燃气管道 A：$0.2\text{MPa} < p \leqslant 0.4\text{MPa}$。

中压燃气管道 B：$0.01\text{MPa} \leqslant p \leqslant 0.2\text{MPa}$。

低压燃气管道：$p < 0.01\text{MPa}$。

6.《中华人民共和国管道保护法》规定在管道中心线两侧各 5m 范围内，禁止哪些危害管道安全的行为？

（1）种植乔木、灌木、藤类、芦苇、竹子或者其他根系深达管道埋设部位，可能损坏管道防腐层的深根植物。

（2）取土、采石、用火、堆放重物、排放腐蚀性物质、使用机械工具进行挖掘施工。

（3）挖塘、修渠、修晒场、修建水产养殖场、建温室、建家畜棚圈、建房以及修建其他建筑物、构筑物。

7.《中华人民共和国管道保护法》规定管道沿线进行哪些施工作业时，施工单位应当向管道所在地县级以上人民政府主管管道保护工作的部门提出申请？

（1）穿跨越管道的施工作业。

（2）在管道线路中心线两侧 5 ～ 50m 地域范围内，新建、改建、扩建铁路、公路、河渠，架设电力线路，埋设地下电缆、光缆，设置安全接地体、避雷接地体。

（3）在管道线路中心线两侧各200m地域范围内，进行爆破、地震法勘探或者工程挖掘、工程钻探、采矿。

8. 冬季巡回检查的主要内容是什么？

（1）严格按照岗位巡回检查路线进行定时巡检。

（2）依照冬季运行要求，结合现场实际定时对装置区系统进行排污。

（3）检查排污线、蒸汽伴热线及液位计是否畅通。

（4）检查各装置的电伴热线运行是否正常。

（5）检查厂区各类易冻、节流部位保温是否完好。

9. 对场站在用安全阀有哪些基本要求？

（1）定期校验合格。

（2）铅封完好。

（3）开启准确，回座及时，密封可靠。

（4）铭牌完整，内容清晰。

10. 管道外输天然气有哪些质量要求？

（1）在天然气交接点的压力和温度条件下，天然气中不应存液态水和液态烃。

（2）天然气中固体颗粒含量应不影响天然气的输送和利用。

（3）天然气按照高位发热量、总硫、硫化氢和二氧化碳含量分为一类气和二类气，一类气高位发热量≥34MJ/m^3、以硫计总硫≤20mg/m^3、硫化氢≤6mg/m^3、二氧化碳摩尔分数≤3%，二类气高位发热量≥31.4MJ/m^3、以硫计总硫≤100mg/m^3、硫化氢≤20mg/m^3、二氧化碳摩尔分数≤4%。

11. 天然气中的杂质主要有哪些？

（1）气体杂质主要有CO_2等。

（2）液体杂质主要有水和油等。

（3）固体杂质主要有泥沙、岩石颗粒等。

12. 天然气中的杂质有何危害？

（1）增加管输阻力，使管道输送能力下降。

（2）含水和酸性气体会腐蚀管道和设备。

（3）天然气中的固体杂质在高速流动时会冲蚀管壁。

（4）影响计量精度。

13. 水合物对管输有什么危害？

（1）水合物在管内聚集会降低管道输送能力。

（2）造成管道堵塞，引发生产事故。

14. 消除水合物的方法有哪些？

消除水合物的方法有降压；加热；注入防冻剂。

15. 影响天然气露点的主要因素有哪些？

影响天然气露点主要有三个因素：温度、压力、含水量。

16. 天然气脱水的方法有哪些？

（1）溶剂吸收法。

（2）低温分离法。

（3）固体吸附法。

17. 新建管道投运前清管和吹扫的目的是什么？

清除在施工及安装过程中带进的泥土、石块、积水、焊渣等杂物。

18. 常见清管器的选择应遵循的原则是什么？

（1）根据管道状况、清管器的特性，可选用橡胶清管球、皮碗清管器或二者结合使用。

（2）一般含水天然气清管优先选用橡胶清管球，管线吹扫也应使用橡胶清管球。

（3）清除管内固体渣子优先选用双向皮碗清管器。

19. 常见清管器的运行条件是什么？

（1）橡胶清管球注满水过盈量控制在 3% ～ 10%，皮碗清管器过盈量控制在 1% ～ 4%；

（2）清管器运行速度控制在 12 ～ 18km/h 范围内。

（3）清管作业最大推球压力不得超过管线允许工作压力，静水柱垂直高度不得超过管线最大允许工作压力。

20. 常见清管作业的故障及判断方法有哪些？

（1）清管器漏气：判断的方法是推球压差不增加，计算清管距离远大于实际运行距离。

（2）清管器破裂：判断的方法是无法建立推球压差，清管器停止运行。

（3）清管器被卡：判断的方法是清管器后压力持续上升，清管器前压力持续下降，清管器停止运行。

21. 管道吹扫的方法主要有哪些？

一般采用氮气高速放喷吹扫、天然气憋压高速放喷吹扫和空气高速放喷吹扫方法。

22. 管道清管和吹扫的适用范围是什么？

（1）具备清管条件的管道，一般采用清管器进行清管。

（2）不具备清管条件的管道，一般采用空气或氮气高速放喷吹扫。

23. 常用清管器的种类有哪些？

常用清管器的种类包括机械（皮碗）清管器；泡沫清管器；清管球。

24. 天然气管道置换的方式有哪些？

（1）天然气置换氮气或其他惰性气体。

（2）氮气或其他惰性气体置换天然气。

（3）氮气或其他惰性气体置换空气。

25. 天然气管道干燥的方法有哪些？

（1）干空气干燥。

（2）真空干燥。

（3）氮气干燥。

26. 输气工管道巡护的主要内容是什么？

（1）注意管道各点压力变化是否在正常值范围内。

（2）检查判断管道是否泄漏或被盗。

（3）检查管道附属设施是否完好。

（4）检查管道附近是否有施工、占压等不安全因素。

（5）检查管道首末端流程，掌握管道运行状态。

（6）检查管道两侧 5m 内有无深根植物。

27. 引起管道输送效率降低的主要因素有哪些？

引起管道输送效率降低的主要因素有以下三个方面：

（1）液体和固体杂质在管道内的积聚，造成管内流通面积减小，压力损失增大。

（2）管道内壁腐蚀，造成管内壁粗糙度增大，同时腐蚀产物的积聚，也会造成管内流通面积减小，压力损失增大。

（3）在高寒地区，管线冬季运行中，天然气中的水蒸气凝结在管壁上，形成水合物，造成管内流通面积减小，压力损失增大。

28. 影响管道腐蚀过程的因素有哪些？

（1）管道材质的不均匀性。

（2）土壤的物理化学性质的不均匀性。

（3）杂散电流腐蚀。

（4）细菌腐蚀。

29. 常见管道局部腐蚀的类型有哪些？

（1）孔蚀。

（2）缝隙腐蚀。

（3）应力腐蚀破裂。

（4）腐蚀疲劳。

（5）磨损腐蚀。

（6）电偶腐蚀或双金属腐蚀。

30. 常见地下金属管道外防腐绝缘层的种类和优点是什么？

（1）石油沥青防腐绝缘层，电绝缘性能较好、吸水性小、化学稳定性较强、材料来源广、成本较低。

（2）PE 防腐绝缘层，电绝缘性能好、化学稳定性强、抗土壤应力、抗生物侵蚀、抗阴极剥离。

计量阀组间

1. 产生输差的因素主要有哪些？

（1）计量仪表误差，如选型、精度、取值、损坏、计算。

（2）非法用气，私自调节计量表、偷盗等。

（3）管道损失，如泄漏、置换放空等。

2. 城镇燃气常用加臭剂是什么？加注比例是多少？

（1）常用加臭剂是四氢噻吩、硫醇等。

（2）加臭剂加注量要满足无毒燃气泄漏到空气中，达到爆炸下限的 20% 时，应能察觉的要求，四氢噻吩在空气中达到警示气味浓度为 0.08mg/m^3，因此要求在天然气管道末端天然气中至少含有 8mg/m^3 四氢噻吩。

3. 放空系统由哪些设备组成？

泄压放空系统由泄压设备（放空阀）、减压阀、安全阀、收集管道、放空管和处理设备（如分液罐、火炬）或其中一部分设备组成。

4. 常见分离器有哪几种类型？

（1）重力式分离器。

（2）旋风式分离器。

（3）过滤式分离器。

（4）气液聚结分离器。

（5）挡板分离器。

5. 旋风分离器的工作原理是什么？

当含杂质气体沿轴向进入旋风分离管后，气流受导向叶片的导流作用而产生强烈旋转，气流沿筒体呈螺旋形向下进入旋风筒体，密度大的液滴和尘粒在离心力作用下被甩向器壁，并在重力作用下，沿筒壁下落流出旋风管排尘口至设备底部储液区，从设备底部的出液口流出。旋转的气流在筒体内收缩向中心流动，向上形成二次涡流，经导气管流至净化天然气室，再经设备顶部出口流出。

6. 重力式分离器的工作原理是什么？

重力式分离器是利用杂质和气体之间的密度差分离液（固）体的。气液混合物进入分离器后，杂质被气体携带一起向上运动，由于筒体横截面积远大于进口管，气体体积膨胀，流速降低，由于杂质液（固）体的密度比气体大得多，造成其沉降速度大于被气体携带的速度，杂质就会向下沉降到分离器底部，气体上升至顶部出口管，从而实现气液（固）分离。

7. 按国家标准，一类天然气、二类天然气中硫化氢含量、总硫含量是多少？

（1）一类天然气硫化氢含量小于等于 6mg/m^3；总硫含

量小于等于 $20mg/m^3$，二氧化碳含量小于等于 3.0%。

（2）二类天然气硫化氢含量小于等于 $20mg/m^3$；总硫含量小于等于 $100mg/m^3$，二氧化碳含量小于等于 4.0%。

8. 城镇燃气为什么脱硫处理？

（1）含硫化合物有毒。

（2）含硫化合物遇水形成酸性物质腐蚀管道，造成管道穿孔引发安全事故。

9. 管网放空的原因有哪些？

管网放空的原因通常有三种：置换、故障处置、施工作业。

10. 管道堵塞的类型有哪些？

管道堵塞的类型包括冻堵；水合物、硫化铁粉及其他固体杂质堵塞。

11. 甲醇有哪些主要的理化特性？

（1）甲醇为无色液体，有酒精气味，易挥发。

（2）甲醇可以在空气中燃烧。

（3）甲醇对神经系统有毒害作用。

（4）甲醇进入眼睛可使视物模糊，重者失明。

12. 脱硫塔的工作原理是什么？

脱硫塔常用干法脱硫，内装羟基氧化铁和惰性氧化铝瓷球脱硫剂，气体高进低出，在塔内流动时，含硫化合物被脱硫剂吸附，从而达到脱硫的目的。

13. 如何判断压力表失灵？

可根据压力表指针脱落，指示失真，有气时不显示等现象判断压力表失灵，压力表失灵后，要由检定人员进行校验后方可使用。

14. 气体过滤器的作用是什么？

气体过滤器用来清除分离器未能分离除掉的粒度更小的固体杂质，如管壁被腐蚀的产物和铁屑粉末、天然气水合物等。

15. 阀门、阀杆转动不灵的原因是什么？

（1）密封填料压得太紧。

（2）阀杆螺纹与螺母无润滑油，弹子盘黄油干枯变质，有锈蚀。

（3）阀杆与阀杆螺母或弹子盘间有杂物。

（4）阀杆弯曲或阀杆、螺母螺纹有损伤。

（5）密封填料压盖位置不正，卡阀杆。

（6）高寒地区阀门进水形成冻堵。

16. 阀门、阀杆转动不灵的故障如何排除？

（1）将密封填料压紧程度进行调整。

（2）涂加润滑油。

（3）拆开清洗。

（4）阀杆变形损坏的应矫直或更换，弹子盘损坏的应更换。

17. 岗位应急处置程序的三个基本步骤？

岗位应急处置程序的基本步骤为一判断、二处置、三汇报。

18. 卸压力表时有哪些注意事项？

（1）保证压力表根阀完全关闭。

（2）操作时严禁身体正对着压力表，防止压力表冲出伤人。

（3）活动扳手不能当手锤敲打，扳手开度适当，防止打滑。

19. 穿戴劳动保护用品的作用有哪五个方面？

（1）防止经呼吸道吸入毒物。

（2）防止由皮肤进入毒物。

（3）防止烧伤、烫伤、灼伤、冻伤。

（4）防止触电。

（5）防止事故。

20. 自力式调节阀具有什么优点？

（1）调节精度高。

（2）阀门动作灵敏，操作简单。

（3）调节阀反应速度快，控制精确。

（4）不需要外来能源驱动，节约能源。

21. 目前常用的脱硫剂是什么？有哪些特性？

常用的脱硫剂是无定形羟基氧化铁。它适用于高硫容（大于42%）、长周期、高空速运行环境，尤其适用于物料入口含硫量波动较大的工况条件，具有反应时间短、硫容高、选择性好、机械强度高的特点，对于介质中的氧没有依赖性；可在低温下高精度脱除气相介质中的硫化氢及部分有机硫化物。

长输管道

1. 长输管道具有什么特点？

长输管道的特点是距离长、压力高、口径大、输气量大。

2. 天然气长输管道的基本组成是什么？

长输管道主要由控制中心、线路部分、站场部分、防腐控制部分、通信及自控部分等组成。

3. 长输管道线路部分的主要组成？

长输管道线路部分主要包括干线管道本身、截断阀室、穿跨越管段及附件、标识系统等组成。

4. 长输管道沿程输气站一般可分为哪三类？

长输管道沿程输气站可分为首站、中间站（增压站、分输站、清管站）、末站。

5. 什么是 SCADA 系统？

SCADA 系统是以计算机为基础的生产过程控制与调度自动化系统，即数据采集与监视控制系统。

6. SCADA 体系结构由哪三部分组成？

SCADA 体系结构由硬件、软件、通信三部分组成。

7. 输气站场 ESD 是指什么？

ESD 是英文紧急停车系统的缩写。当输气站场或线路管道出现事故时，可自动或人工触发 ESD 信号，切断站场与上下游管道的联系，同时进出站放空管道上放空阀开启，对现场人员、设备进行安全保护，避免危险扩散造成巨大损失。

仪表

1. 测量仪表如何进行分类？

自控系统可分为检测仪表、显示仪表、控制仪表、执行器四大类。

（1）检测仪表：压力、物位、流量、温度。

（2）显示仪表：指示仪、记录仪、累计器、信号报警器。

（3）控制仪表：基地式调节器、气动单元组合仪表、电动单元组合仪表、集散型控制系统、可编程控制器。

（4）执行器：电动调节阀 、气动调节阀。

2. 弹簧式压力表的工作原理是什么？

基于弹性元件（测量系统中的弹簧管）变形。在被测介质的压力作用下，迫使弹簧管末端产生相应的弹性变形——位移，借助于拉杆经齿轮传动机构的传动并予以放大，由固定于齿轮轴上的指针将被测值在分度盘上指示出来。

3. 膜片式压力表的工作原理是什么？

膜片式压力表是膜片作为仪表的弹性元件，当被测介质的压力作用到膜片上，膜片产生一个位移，再经过机芯部件、指针部件的工作，使要测的压力清楚地在刻度盘上指示出来。

4. 精密压力表的用途是什么？

精密压力表主要用来校验工业用普通压力表及其他具有压力参数的各种仪器仪表；亦可用于精密测量无腐蚀性介质的压力。

5. 耐振压力表的原理及用途是什么？

耐振压力表依靠内部充满液体的阻尼作用，可防止运动组件的振动和内部连接机构的磨损，能克服压力晃动、振动和脉动，确保测量精度、提高使用寿命，适用于介质压力强烈脉冲和设备环境振动的场所。

6. 压力表“Y-150、0 ～ 1.6”的含义是什么？

“Y-150”是压力表型号，表盘直径为 150mm，量程范围为 0 ～ 1.6MPa。

7. 压力表按其测量精确度如何分类？

压力表按其测量精确度分为精密压力表和一般压力表。

8. 压力表按其测量范围如何分类？

压力表按其测量范围分为真空表、压力真空表、微压表、低压表、中压表及高压表。

9. 压力表按其显示方式如何分类？

压力表按其显示方式分为指针压力表和数字压力表。

10. 压力表按其测量介质特性不同如何分类？

压力表按其测量介质特性可分为一般型压力表、耐腐蚀型压力表、防爆型压力表、专用型压力表。

11. 如何选择压力表量程？

（1）在测量压力比较稳定的情况下，被测最大工作压力不超过仪表上限的2/3。

（2）在测量压力波动较大的情况下，被测最大工作压力不超过仪表上限的1/2。

（3）被测压力最小值应不低于仪表全量程的1/3。

12. 压力表出现哪些情况应及时更换？

（1）指针不能恢复到零位。

（2）表面玻璃破碎或表盘刻度不清。

（3）没有检定标识、铅封或超过有效期限。

（4）表内泄漏指针跳动。

13. 弹簧式压力表的使用注意事项有哪些？

（1）检查压力表是否具有铅封、检定合格证，判断其是否在有效期内。

（2）应确定示值的单位和最小分度值。

（3）弹簧管压力表的示值应按最小分度值的1/5估读。

（4）读取压力表示值时应保持三点一线：视线、压力表指针、分度线在一条直线上。

（5）启动弹簧管压力表时，操作人员身体不能处于弹簧管压力表正上方。

（6）开启弹簧管压力表时应缓慢开启取压阀。

（7）对运行中的弹簧管压力表，每天要定时定点检查，保持清洁，检查仪表的完整性。

（8）如果发现压力表内有液体或气体泄漏时，及时截断气源并立即通知仪表工进行检查修理。

（9）若压力表的指针摆动频繁，应关小取压阀，以减少传动机构的磨损。

14. 温度的测量方法如何分类？

温度测量的方法通常可以分为两类：即接触式测温和非接触式测温。

（1）接触式测温是测温敏感元件与被测介质接触，使被测介质与温度敏感元件进行充分的热交换，从而完成温度测量。

（2）非接触式测温是测温仪表的敏感元件不直接与被测对象接触，而通过辐射或对流实现热交换，以达到测温目的。

15. 双金属温度计的工作原理是什么？

双金属温度计中的感温元件是用两片膨胀系数不同的金属片叠焊在一起制成的。双金属片受热后由于两金属片的膨胀长度不同而产生弯曲，温度越高产生的膨胀长度差越大，因而引起弯曲的角度越大。

16. 温度仪表的安装方向如何确定？

温度测量仪表与水平管道垂直安装时，取源部件中心线与管道中心线垂直相交。在管道拐弯处安装时，应逆着介质流向，取源部件中心线与管道中心线重合。与水平管道成45°倾斜安装时，应逆着介质流向，取源部件中心线与管道中心线相交。在垂直管道上安装时，应逆着介质流向，与管道成45°倾斜安装，取源部件中心线与管道中心线相交。

17. 磁翻板式液位计的工作原理是什么?

磁翻板式液位计是根据连通器原理进行液位测量的。磁翻板液位计如图 9 所示，翻板用很轻很薄的钢片制成，装在摩擦很小的轴上，翻柱两侧涂以醒目的红、白颜色的漆，封装在透明的塑料罩内，旁边装有标尺。连通器由非导磁材料（如铜、不锈钢）制成，连通器内有一个浮标，浮标内装有磁钢。由于连通器内液位与被测液罐内液体液位相同，当浮标带动磁钢随液位变化而升降时，磁钢吸引翻板翻转。当液位上升时，红的一面翻向外面，液位下降时，白的一面翻向外面。

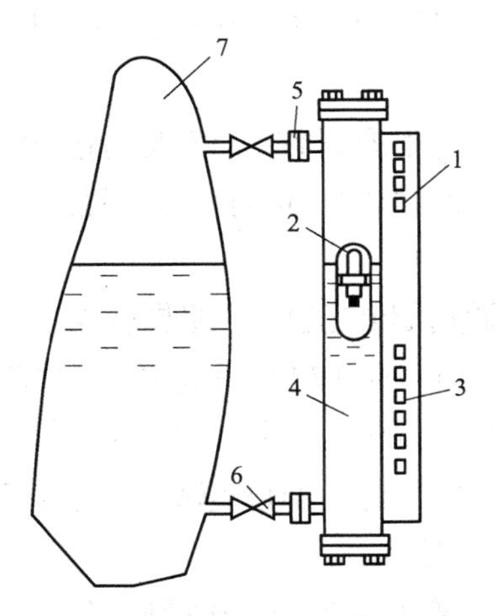

图 9　磁翻板液位计工作原理图

1—翻版；2—带磁钢的浮子；3—翻板轴；4—连通器；5—法兰片；6—阀门；7—被测液体

18. 浮球式液位计的工作原理是什么?

浮球式液位计是利用浮球自重与浮力之差，以转动轴为支点，同平衡锤构成力矩平衡来进行液位测量，如图 10 所示。一般要求在浮球的一半进入液体时，实现系统的力矩平衡。

当液位变化时，随着液位的升高或降低，平衡就被破坏，为了恢复平衡状态，浮球就会上、下浮动，使杠杆绕支点旋转，从而与杠杆固定成一体的指针也随着偏转，根据偏转的角位移，通过刻度盘读出液位。

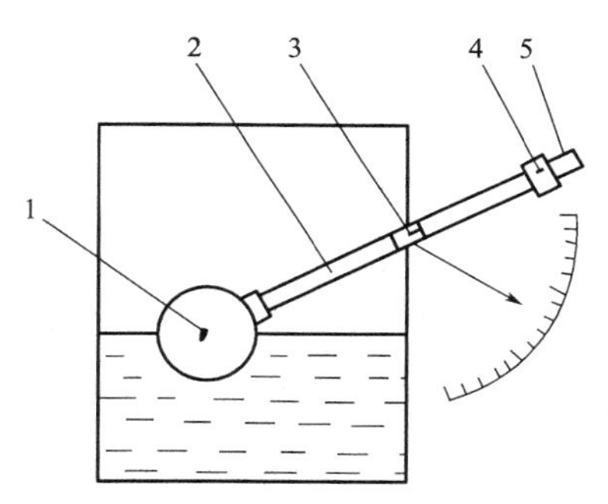

图 10　浮球式液位计工作原理图

1—浮球；2—连杆；3—转动轴；4—平衡重物；5—杠杆

19. ZZY 型自力式调节阀由哪几部分组成？

ZZY 型自力式调节阀由执行机构、阀杆、弹簧、调节盘、阀芯、阀座、阀体、冷凝气、导压管组成。

20. 孔板流量计的工作原理是什么？

充满管道的流体在流经管道内的孔板时，流束在孔板处形成局部收缩，从而使流速增加，静压力降低，于是在孔板前后便产生了压力降，即压差，介质流动的流量越大，在孔板前后产生的压差就越大，所以孔板流量计可以通过测量压差来衡量流体流量的大小。这种测量方法是以能量守恒定律和流动连续性定律为基准的。

21. 如何启用孔板流量计？

（1）检查。检查标准孔板流量计是否处于停用状态。

（2）启用。在站控机上点击标准孔板流量计为启表状态。同时缓慢打开上游、下游取压阀，缓慢打开标准孔板流量计的上游阀、下游阀。

（3）检查。检查流程，观察差压、温度、流量，确认标准孔板流量计已经开启。

（4）验漏。对操作过的设备进行验漏。若有漏点，立即处理。

（5）记录。做好工作记求。

22. 如何停用孔板流量计？

（1）检查。检查标准孔板流量计是否处于启用状态。

（2）停用。关闭标准孔板流量计的下游阀、上游阀，同时缓慢关闭上游、下游取压阀。在站控机上点击标准孔板流量计为停表状态。

（3）流程检查。检查流程，观察差压、温度，流量，确认标准孔板流量计已经停用。

（4）验漏。对操作过的设备进行验漏。若有漏点，立即处理。

（5）记录。做好工作记录。

23. 如何进行高级孔板阀孔板取装操作？

（1）停表：将流量计算机切换为“清洗节流装置”状态。

（2）取出孔板：检查放空阀关闭，顶丝拧紧：开平衡阀、滑阀：缓慢将孔板导板摇至上阀腔：关闭滑阀、平衡阀：开上阀腔放空阀泄压至零：对称松顶板压板螺栓：取出压板、顶板，密封垫，摇出孔板导板：检查孔板是否装反、上阀腔有无积污。

（3）装入孔板：将孔板与导板装配好，放入上阀腔，摇至上阀腔底部；装垫片，压板、顶板、顶丝，对称拧紧螺栓；关放空阀；开平衡阀；开滑阀；将孔板摇至下阀腔到位；关滑阀、平衡阀；检查加注密封脂；开放空阀，检查滑阀、平衡阀有无内漏；关闭放空阀。

（4）验漏：对转动、拆卸部位进行外漏检查；对滑阀、平衡阀、排污阀进行内漏检查。

（5）启表：操作流量计算机恢复正常计量状态。

（6）填写相关资料记录。

24. 超声波流量计由哪些部分组成？

（1）表体。

（2）探头。

（3）信号处理单元。

（4）压力变送器。

（5）温度变送器。

（6）色谱分析仪。

（7）流量计算机。

25. 超声波流量计主要优点、缺点是什么？

优点：压力高；流量大；精度高；双向计量，具有同等精度；量程比宽；抗干扰性强，受流态影响小；无可动部件；无压力损失。

缺点：对气质要求高，天然气中含固、液杂质时会附着在探头表面影响计量；周围环境中存在超声波和电子噪声时影响计量。

26. 罗茨流量计在运行中何时加注润滑油？

罗茨流量计在运行中应经常观察润滑油的颜色和视镜中

的油位，发现润滑油的颜色发黑时应更换新润滑油，当视镜中的油位低于视镜中心线时应补充润滑油。通常一年至少应加注润滑油1次。

27. 旋进旋涡流量计定期维护内容有哪些？

（1）采样分析气质组分，调整气质参数。

（2）清洗过滤器、旋涡发生器等。

（3）根据实际情况，检查流量计上游、下游管道内是否有沉积物。

28. 常用差压式流量计有哪些？

常用差压式流量计有孔板流量计、V锥流量计、阿牛巴流量计。

29. 常用计量仪表有哪些？

（1）气计量：超声波流量计、孔板流量计、旋进旋涡流量计、罗茨流量计、涡轮流量计、皮膜表。

（2）轻烃计量：质量流量计。

（3）原油计量：金属刮板流量计、腰轮流量计。

30. 仪表停用前应做好哪些工作？

（1）和工艺人员密切配合，了解工艺停运时间和设备检修计划。

（2）根据检修计划，及时拆卸相关仪表。

（3）拆除压力表、变送器时注意有无堵塞、憋压现象，防止造成人身伤害和设备事故。

（4）对带有联锁的仪表拆卸前要切换至手动。

（5）关闭停用仪表的取源部位的阀门。

31. 天然气商服用户现使用的计量仪表主要有哪些？

（1）皮膜流量计。

（2）涡轮流量计。

（3）TDS 表和智能旋进旋涡流量计。

（4）罗茨流量计。

32. 常见的仪表功能标志及其含义是什么？

常见的仪表功能标志及其含义见表 7。

表 7　常见仪表功能标志及含义

代号	名称	代号	名称
LI	液位显示	PI	压力显示
LT	液位变送器	PT	压力变送器
LG	液位计	PY	压力转换器
LY	液位转换器	PIC	压力显示控制器
LIC	液位显示控制器	PDY	关断电磁阀
LDY	关断电磁阀	FI	流量显示
TI	温度显示	FE	流量传感器
TE	温度传感器	FT	流量变送器
TT	温度变送器	FQI	流量计

33. 安全栅如何进行分类？

安全栅主要有电阻式、齐纳式、中继放大式和隔离式四种类型。

34. 隔离式安全栅的工作原理是什么？具有什么特点？

隔离式安全栅（图 11）是现场二线制变送器与控制室仪表及电源联系的纽带，它一方面为变送器提供电源，另一方面将来自变送器的 4 ～ 20mA DC 信号，经隔离变压器线性地转换成 4 ～ 20mA DC（或 1 ～ 5V DC）信号，传送给控制室内的仪表。在上述传递过程中，依靠双重限压限流电路，使任何情况下输往危险场所的电压不超过 30V DC，电流不超过 30mA DC，从而保证了危险场所的安全。

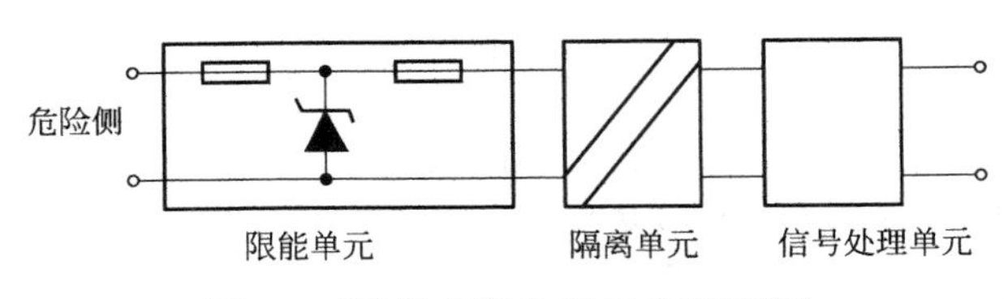

图 11　隔离式安全栅工作原理图

隔离式安全栅的特点：

(1) 使用隔离式安全栅，可以将危险区的现场回路信号和安全区回路信号有效隔离。这样本安自控系统不需要本安接地系统，简化了本安防爆系统应用时的施工。

(2) 使用隔离式安全栅，大大增强了检测和控制回路的抗干扰能力，提高系统可靠性。

(3) 使用隔离式安全栅，允许现场仪表接地，允许现场仪表为非隔离型的。

(4) 隔离式安全栅有许多保护功能电路，意外损坏的可能性较小，允许现场仪表带电检修。这样可缩短工程开车准备时间和减少停车时间。

(5) 隔离式安全栅有较强的信号处理能力。

35. PLC 和 DCS 控制系统之间的区别是什么？

(1) DCS 更侧重于过程控制领域（如化工、冶炼、制药等），主要是一些现场参数的监视和调节控制，而 PLC 则侧重于逻辑控制（机械加工类）。

（2）模拟量大于100个点以上的，一般采用DCS；模拟量在100个点以内的，一般采用PLC。

（3）DCS是一种“分散式控制系统”，而PLC只是一种控制“装置”，两者是“系统”与“装置”的区别。系统可以实现任何装置的功能与协调，PLC装置只实现本单元所具备的功能。

（4）DCS网络是整个系统的中枢神经，DCS系统通常采用的国际标准协议TCP/IP。它是安全可靠双冗余的高速通信网络，系统的拓展性与开放性更好。而PLC因为基本上都为单个小系统工作，在与别的PLC或上位机进行通信时，所采用的网络形式基本都是单网结构，网络协议也经常与国际标准不符。

（5）DCS系统所有I/O模块都带有CPU，可以实现对采集及输出信号品质判断与标量变换，故障带电拔，随机更换。而PLC模块只是简单电气转换元件，没有智能芯片，故障后相应单元全部瘫痪。

36. 旋转叶片式气液联动阀工作原理是什么？

旋转叶片式气液联动阀的工作原理如图12所示，当控制器动作后，干线压力被引进气液罐内，液压油在气体压力作用下进入驱动器的相对的两个腔，压力平衡管使得驱动器两侧叶轮受相等的旋转力矩，驱动叶轮旋转。此时，另外两个腔内的液压油在压力作用下流出驱动器腔，进入到另一个气液罐，该罐内压力等于大气压。驱动器达到全行程位置后，控制器恢复到空挡位置，并将气液罐中的压力排放掉。

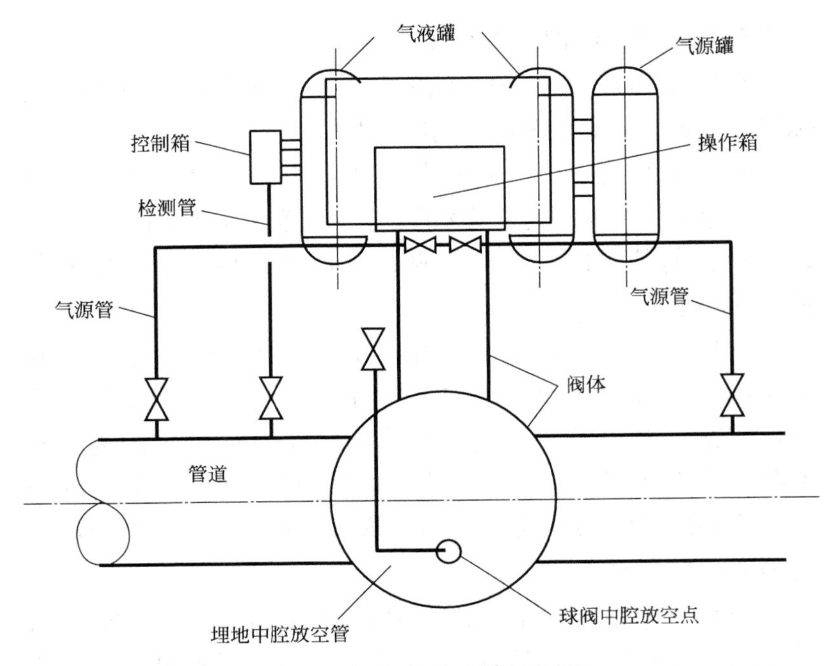

图 12　气液联动球阀结构图

检测

1. 外加电流阴极保护电位的正常范围是多少？

外加电流阴极保护电位的正常范围一般为 -1.20 ～ -0.85V。

2. 埋地管道常用的防腐层种类有哪些？

埋地钢质管道常用的外防腐层种类有石油沥青、环氧煤沥青、煤焦油磁漆、聚乙烯胶黏带、熔结环氧粉末、聚乙烯防腐层等。

3. 埋地管道外检测的主要方法有哪些？

埋地钢质管道外防腐层检测技术主要包括变频—选频法、皮尔逊法、密间隔电位法、交变电流梯度法、直流电压梯度法。

4. 埋地管道内检测技术主要有哪些？

管道内检测技术主要包括测径检测技术、漏磁检测技术、漏磁通检测技术、压电超声波检测技术、电磁波传感检测技术以及配合以上技术使用或可单独使用的管道中心线IMU检测技术、清管器检测技术。

5. 埋地管道外检测通常使用哪些设备？

交变电流梯度法常用的仪器是DM管道外防腐层检测仪；皮尔逊法常用的代表仪器是SL型系列管道防腐层检漏仪。

6. 埋地管道内检测器的种类有哪些？

内检测器按功能可分为用于检测管道几何变形的测径仪、用于管道泄漏的检测仪、用于对因腐蚀产生的体积型缺陷检测的漏磁通检测器、用于裂纹类平面型缺陷检测的涡流检测仪、超声波检测仪、用于管道三维坐标定位并配以地面参考点和里程计修正的IMU惯性测量仪等。

7. 常用的油气管道外防腐技术有哪些？

除了选用耐蚀性较好的材料降低油气管道的外腐蚀损失外，还可以采用防腐蚀涂层、阴极保护和排流保护来避免或减轻油气管道的外腐蚀。

8. 常用的油气管道内腐蚀的防护技术有哪些？

油气管道内腐蚀防护技术主要包括：选用耐腐蚀材料或非金属材料、加注缓蚀剂、使用内涂层或衬里。

9. DM管道防腐层检测仪由哪些部分组成？

DM管道防腐层检测仪主要由电源、发射机、接收机、A字架组成，如图13所示。

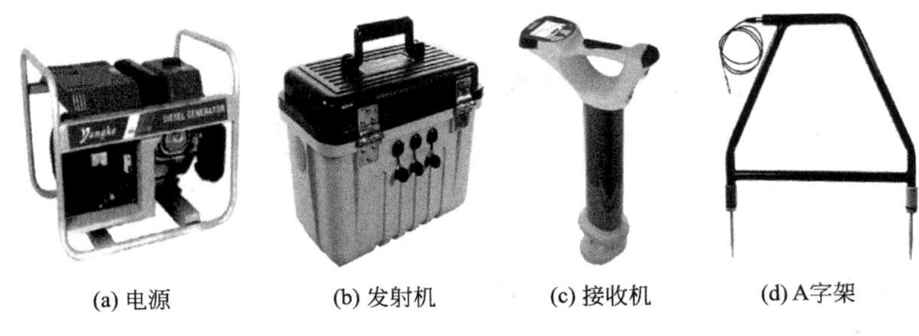

(a) 电源　(b) 发射机　(c) 接收机　(d) A字架

图 13　DM 防腐层检测仪

10. DM 管道防腐层检测仪的原理是什么？

（1）检测电流信号由某点供入管道后，电流沿管道流动并随距离增加而有规律地衰减。

（2）这种衰减的大小与防腐层的绝缘电阻率等级密切相关，防腐层质量好，绝缘电阻率高，衰减就慢，反之就快。

（3）在地面上测量埋地管道中的电流信号强度。

（4）将测量数据输入计算机中进行处理分析，就可知道每一段管道的防腐层绝缘电阻率情况、破损点的分布情况及破损点的严重程度。

11. DM 管道防腐层检测仪的用途是什么？

（1）检测和评价管道外防腐层存在的缺陷点和绝缘电阻率等级。

（2）对新施工的管道进行防腐层质量、埋深等情况验收。

（3）对管道进行定期检测，可确定防腐层老化退化的程度。

（4）对管道密集区域检测，区分被测管道。

12. 超声波测厚仪的原理是什么？

超声波在同一介质中传播时，声速为一常数，遇到不同介质的界面，则具有反射特性。超声波测厚仪就是利用超声波这一特点，采用脉冲反射法进行厚度测量的。

13. 什么是管道超声导波检测技术？

管道超声导波检测技术是通过超声探头阵列向管道环向激发超声脉冲，脉冲充斥整个管道断面，并由管道断面向两侧远处传播，脉冲遇到管壁厚度、形状等变化，产生往复反射、进一步产生叠加干涉，再由同一探头阵列接收反馈信号。反馈信号通过相应计算机软件解析，对管道缺陷进行识别、定位的检测技术。

14. 超声导波检测设备设施的基本构成？

超声导波检测设备是由固定在管线上的探伤环套（探头阵列）、检测装置本体（低频超声探伤仪）、用于控制和数据采样的计算机三部分构成。

常用工具

1. 如何使用防爆活动扳手？

（1）活动扳手是用于四方头或六方头螺纹管件的紧固、拆卸工具。使用时用相互平行的固定钳口和活动钳口将对称多边形工件固定住，通过朝活动钳口方向旋转手柄，拆卸或紧固工件。

（2）应按螺栓或管件大小选用适当的防爆活动扳手。

（3）使用时，扳手开口要适当，防止打滑，以免损坏管件或螺栓，并造成人员受伤。

（4）不应套加力管使用，不准把扳手当手锤用。

（5）使用扳手要用力顺扳，不准反扳，以免损坏扳手。

（6）扳手用力方向 1m 内不准站人。

（7）活动部分保持干净，用后擦洗。

2. 如何使用 F 扳手？

（1）F 扳手是由防爆的合金材料加工而成的，主要应用于阀门的开关操作中，使用时把两个力臂插入阀门手轮内，在确认卡好后即可用力开关操作。

（2）防爆型 F 扳手应与手轮卡牢，开口向外，防止脱开。

（3）操作人应两脚分开且脚底站稳，两腿合理支撑，防止摔倒。

（4）操作人应两手握紧手柄，并且合理、均匀用力，防止用猛力或暴力。

（5）扳手的手柄应与手轮在同一水平面，使得扳手的力合理地用在手轮上，防止用力过大而损坏手轮。

3. 如何使用固定扳手？

（1）应按螺栓、螺母大小选用适当的固定扳手。

（2）选择和螺栓、螺母的头部尺寸相适应的扳手，扳手厚的一边应置于受力大的一侧，用拉动的方式进行扳动。

（3）扳手应与螺栓或螺母的平面保持水平，以免用力时扳手滑出伤人。

（4）不能在扳手尾端加接套管延长力臂，以防损坏扳手。

（5）不能用钢锤敲击扳手，扳手在冲击载荷下极易变形或损坏。

4. 如何使用梅花扳手？

（1）应按螺栓、螺母大小选用适当的梅花扳手。

（2）在使用梅花扳手时，左手按住梅花扳手与螺栓连接处，保持梅花扳手与螺栓完全配合，防止滑脱，右手握住梅花扳手另一端并加力。梅花扳手可将螺栓、螺母的头部全部围住，因此不会损坏螺栓角，可以施加大力矩。

（3）扳手应与螺栓或螺母的平面保持水平，以免用力时扳手滑出伤人。

（4）不能在扳手尾端加接套管延长力臂，以防损坏扳手。

（5）不能用钢锤敲击扳手，扳手在冲击载荷下极易变形或损坏。

5. 如何使用管钳？

（1）选择合适规格的管钳。

（2）使用时，调节管钳头开口将管钳卡到管子上时，沿顺时针方向旋转手柄。

（3）钳头开口要等于工件的直径。

（4）钳头要卡紧工件后再用力扳，防止打滑伤人。

（5）用加力杆时长度要适当，不能用力过猛或超过管钳允许强度。

（6）管钳不得用于松、紧六角头螺栓和带棱的工件。

（7）管钳牙和调节环要保持清洁。

6. 套筒扳手使用方法？

套筒扳手是紧固和拆卸某一种规格六角螺栓、螺母的专用工具，并配有手柄、接杆等多种附件，特别适用于拧转位置十分狭小或凹陷很深处的螺栓或螺母。套筒扳手按用途分手动和气动两种。在使用时，将套筒套在配套手柄的方榫上（视需要与长接杆、短接杆或万向接头配合使用），再将套筒套住螺栓或螺母，左手握住手柄与套筒连接处，保持套筒与所拆卸或紧固的螺栓同轴，右手握住配套手柄加力。

7. 套筒扳手的使用注意事项？

（1）套筒扳手主要用于拧紧或是拧松力矩较大的或头部为特殊形状的螺栓、螺母。

（2）根据作业空间及力矩要求的不同，可以选用接杆及合适的套筒进行作业。

（3）在使用时，必须注意套筒与螺栓或螺母的形状与尺寸相适合，通常不允许使用外接加力装置。

（4）在使用套筒的过程中，左手握紧手柄与套筒连接处，切勿晃动，以免套筒滑出或损坏螺栓或螺母的棱角。朝向自己的方向用力，可以防止滑脱而造成手部受伤。

（5）不要使用出现裂纹或已损坏的套筒。这种套筒会引起打滑，从而损坏螺栓或螺母的棱角。禁止用手锤将套筒击入变形的螺栓或螺母六角进行拆装，以免损坏套筒。

（6）在使用旋具套筒头拆卸或紧固螺栓时，一定要检查螺栓头部的六角或花形孔内是否有杂物，及时清理后进行操作，以免因工具打滑而损坏螺栓或伤及自身。

（7）在使用旋具套筒时，一定要给予旋具套筒足够的下压力，防止旋具套筒滑出螺栓头。

8. 如何使用数字万用表？

（1）熟悉表盘上各符号的意义及各个旋钮和选择开关的主要作用。

（2）根据被测量的种类及大小，选择转换开关的挡位及量程。

（3）选择表笔插孔的位置。

（4）根据不同的测量内容，选择正确的挡位。

（5）进行测量，并进行记录。

9. 如何使用参比电极？

（1）使用前，首先拧开后盖，添加蒸馏水，使参比电极溶液处于饱和状态，溶液中有硫酸铜晶体沉淀即为饱和，然后在清洁的水中浸泡 20min 左右。

（2）把参比电极竖直放入被测物体附近的土壤中，如果土壤干燥的话，适当加些水，以确保参比电极与土壤接触良好。

（3）把参比电极的测量线接在万用表的黑色接线端；被测量物体（阴极线）接万用表的红色接线端，万用表的旋钮放置于直流电压挡位，挡位量程为2V。

（4）该挡位显示的数值即为所要测量的电位，进行数据记录。

10. 如何使用管道堵漏卡子？

（1）正确穿戴劳动防护用品。

（2）正确选用合适的工具。

（3）将打卡子处管道表面清理干净。

（4）将螺栓适当拧紧，使卡子上的密封材料面距管子外壁约2～3mm，以便于卡子移动。

（5）将卡子推至穿孔处，使穿孔处于带密封材料的卡子中心，迅速对称拧紧螺栓。

（6）充压后进行泄漏检测。

11. 如何使用法兰扩口器？

（1）将需要拆除的法兰螺栓卸掉。

（2）把两侧扩口器分别置于法兰的上下左右。

（3）从法兰对称位置分别将两个扩张器的两外可调筋板通孔与两法兰的两相邻螺孔对正。

（4）法兰扩口到位，插上固定销。

第三部分 基本技能

一、操作技能

1. 更换法兰式连接阀门。

准备工作：

（1）正确穿戴劳动保护用品，配备应急物品。

（2）工具、材料准备：剪刀1把、垫片1对、梅花扳手1套、活动扳手1把、平口刮刀1把、一字螺丝刀1把、撬杠1根、可燃气体检测仪1台、润滑脂适量、F扳手1把、记录笔若干、记录纸若干、擦布适量。

操作程序：

（1）导通旁通流程，关闭更换阀门的上游、下游阀门。

（2）打开更换阀门两侧放空阀泄压，确认压力归零。

（3）拆卸螺栓，取下被换阀门，清理检查法兰密封面。

（4）新密封垫两端涂抹润滑脂，居中安装密封垫、安装新阀门，对角紧固螺栓，并全开阀门。

（5）关闭两侧放空阀，微开下游阀门验漏，确认无泄漏后打开上游、下游阀门，恢复流程。

（6）填写记录，收拾工具，清理场地。

风险分析：

(1) 开关阀门、更换阀门时可能引发机械伤害事故。

(2) 上下平台可能引发高处坠落事故。

(3) 操作前未放空泄压或放空泄压未完成，可能引发介质泄漏事故以及物体打击伤人事故。

安全提示：

(1) 开关阀门时要侧身、平稳、缓慢。

(2) 安装阀门时要防止阀门坠落伤人。

(3) 上下操作平台时防止滑倒、坠落。

2. 更换法兰垫片。

准备工作：

(1) 正确穿戴劳动保护用品，配备应急物品。

(2) 工具、材料准备：剪刀 1 把、垫片 1 对、梅花扳手 1 套、活动扳手 1 把、平口刮刀 1 把、一字螺丝刀 1 把、撬杠 1 把、可燃气体检测仪 1 台、F 扳手 1 把、润滑脂适量、记录笔若干、记录纸若干、擦布适量。

操作程序：

(1) 先关闭更换法兰的上游、下游阀门，打开放空阀门，泄掉管道内的压力，确认压力归零。

(2) 拆卸法兰螺栓，先卸上半部分的螺栓，后卸下半部分螺栓。

(3) 用撬杠撬开法兰取出旧垫片，清理干净密封面、水纹线，使用撬杠时不要触碰法兰密封面。

(4) 将新垫片两侧涂抹润滑脂，居中放入法兰内，上紧螺栓，上螺栓时要求对角均匀紧固，法兰四周缝隙宽度要一致，先安装下半部分螺栓以便于调整。

(5) 关闭放空阀门，缓慢打开上游阀门，确认无渗漏现象后，打开上、下游阀门。

（6）填写记录，收拾工具，清理场地。

风险分析：

（1）开关阀门时可能引发机械伤害事故。

（2）工具使用不当易引发人身伤害事故。

（3）操作前未放空泄压或放空泄压未完成，可能引发介质泄漏事故物、体打击伤人事故。

安全提示：

开关阀门时要侧身、平稳、缓慢。

3. 更换阀门密封填料。

准备工作：

（1）正确穿戴劳动保护用品，配备应急物品。

（2）工具、材料准备：剪刀 1 把、密封填料适量、活动扳手 2 把、壁纸刀 1 把、密封填料钩子 1 把、可燃气体检测仪 1 台、棉纱若干、F 扳手 1 把、记录纸若干、记录笔若干、润滑脂适量。

操作程序：

（1）导通旁通流程，关闭更换填料阀门的上游、下游阀门。

（2）打开放空阀泄压，确认压力归零。

（3）卸掉压盖螺母，打开压盖并固定好。

（4）清除旧密封填料，清洁填料函、阀杆、压盖。

（5）切割新密封填料，涂抹适量润滑脂。

（6）将密封填料搭接绕丝杆一圈，平整压入填料函内，用压盖压入后再次加入，密封填料断口要平整，交界面呈 30°～45°，再次填装密封填料时，上下层之间接口应错开 90°～180°。

（7）对称上紧压盖螺母，活动阀杆，保持阀门开关灵活。

(8) 关闭放空阀门，缓慢打开上游阀门，验漏，确认无泄漏恢复流程。

(9) 填写记录，收拾工具，清理场地。

风险分析：

(1) 开关阀门时可能引发机械伤害事故。

(2) 工具使用不当引发人身伤害事故。

(3) 操作前未放空泄压或放空泄压未完成，可能引发介质泄漏事故、物体打击伤人事故。

安全提示：

开关阀门时要侧身、平稳、缓慢。

4. 拆装保养截止阀。

准备工作：

(1) 正确穿戴劳动保护用品，配备应急物品。

(2) 工具、材料准备：棉纱适量、润滑油适量、密封垫片若干、清洗剂适量、油盆 1 个、活动扳手 2 把、螺丝刀 1 把、撬棍 1 根、清洁工具 1 套、毛刷 1 把、F 扳手 1 把、可燃气体检测仪 1 台。

操作程序：

(1) 切换流程。开旁通阀；关待拆截止阀上游、下游阀门；调节旁通阀门，确保下游压力平稳。

(2) 放空。打开放空阀放空泄压至零。

(3) 拆卸截止阀。拆手轮，松压盖取出密封填料；拆上下阀体螺栓（对角松拆），分离上下阀体，取出阀杆，取出阀瓣。

(4) 清洗保养截止阀。清洗擦拭、润滑螺栓、阀杆、阀瓣、压盖；清洁上阀腔；清洗下阀腔；清洗、检查密封垫、圈有无损坏，更换损坏的密封垫；清洗部件有序摆放；保养密封垫、圈抹薄层润滑油，阀杆与阀杆套加注润滑油；螺栓孔加润滑油。

（5）组装截止阀。将阀杆装入上阀腔，并将压盖套进阀杆，将阀瓣阀杆装配连接，装手轮；摇动手轮，使阀瓣处于开启位置，装配连接上下阀体；对角拧紧螺栓；加密封填料（或其他密封填料），零部件不得有丢失和遗留。

（6）验漏。关闭截止阀，关闭放空阀；微开截止阀上游阀，观察下游压力表，检查截止阀是否内漏；打开截止阀，上、下游阀体连接处验漏；密封填料压盖验漏。

（7）恢复流程，验漏。打开截止阀下游阀门；关闭截止阀的旁通阀；调节截止阀上游阀门；调节截止阀；对操作过的阀门验漏。

风险分析：

（1）未按截止阀拆装保养操作规程进行可能引发机械伤害事故。

（2）带压拆卸截止阀可能引发物体打击伤人事故。

安全提示：

（1）按截止阀拆装及保养操作规程进行。

（2）严禁带压拆卸截止阀。

5. 拆装保养闸阀。

准备工作：

（1）正确穿戴劳动保护用品，配备应急物品。

（2）工具、材料准备：润滑脂、密封脂、清洗剂、密封垫片、棉纱各适量，手持可燃气体检测仪 1 台，一字螺丝刀 2 把，活动扳手 2 把，油漆刷 1 把，注脂枪 1 把，油盆 1

个，F 扳手 1 把，记录笔若干，记录纸若干。

操作程序：

（1）倒换流程，放空泄压。

（2）阀腔拆卸清洗组装。拆卸阀腔，检查、清洗、润滑各部件；组装各部件。

（3）传动部分拆卸清洗组装：拆传动机构，清洗检查、润滑各部件；组装各部件。

（4）注脂。

（5）关闭放空阀，验漏。

（6）恢复流程。

（7）收拾工具，清理场地，做好记录。

风险分析：

（1）未按操作规程进行可能引发物体打击事故。

（2）按照顺序拆卸、组装阀门可能引发机械伤害事故。

（3）工具使用不当引发人身伤害事故。

（4）操作前未放空泄压或放空泄压未完成，可能引发介质泄漏事故、物体打击伤人事故。

安全提示：

（1）严格按照操作规程进行操作。

（2）注意按照顺序拆卸、组装阀门。

6. 处理截止阀阀体与阀盖之间的泄漏。

准备工作：

（1）正确穿戴劳动保护用品，配备应急物品。

（2）工具、材料准备：剪刀 1 把、密封填料适量、活动扳手 2 把、壁纸刀 1 把、密封填料钩子 1 把、可燃气体检测仪 1 台、棉纱若干、F 扳手 1 把、记录笔若干、记录纸若干、润滑脂适量。

操作程序：

(1) 导通旁通流程，关闭泄漏点的上游、下游阀门。

(2) 打开放空阀泄压，确认压力归零。

(3) 卸掉压盖螺母，打开压盖并固定好。

(4) 清洁阀杆、压盖。

(5) 切割新密封填料，涂抹适量润滑脂。

(6) 将密封填料搭接绕丝杆一圈，平整压入填料函内，用压盖压入后再次加入，直至填满，密封填料断口要整齐，交界面呈 30°～45°，再次填装密封填料时，下面一圈与上面一圈之间接口应错开 90°～180°。

(7) 对称上紧压盖螺母，活动丝杆，保持阀门开关灵活。

(8) 关闭放空阀，缓慢打开上游阀门，试压验漏，恢复流程。

(9) 填写记录，收拾工具，清理场地。

风险分析：

(1) 开关阀门时可能引发机械伤害事故。

(2) 工具使用不当引发人身伤害事故。

(3) 操作前未放空泄压或放空泄压未完成，可能引发介质泄漏事故、物体打击伤人事故。

安全提示：

开关阀门时要侧身、平稳、缓慢。

7. 加注阀门密封脂。

准备工作：

(1) 正确穿戴劳动保护用品，配备应急物品。

(2) 工具、材料准备：棉纱、密封脂适量，清洁工具 1 套，注脂枪 1 把，活动扳手 2 把，记录纸若干、记录笔若干。

操作程序：

（1）取下注脂盖，清理阀门上的注入口装置，清除变质、失效的密封脂。

（2）将密封脂加入注脂枪，如为冬季则使用低温润滑脂。

（3）连接好注脂枪和注入口。

（4）注入适量密封脂。

（5）注脂完成后封好注脂孔，清洁多余密封脂，恢复注脂盖。

风险分析：

（1）注入口泄漏引发爆炸、起火事故。

（2）注脂枪操作不当引发机械伤害。

安全提示：

注意注入口是否有泄漏情况。

8. 地面管道设备的除锈及刷漆。

准备工作：

（1）正确穿戴劳动保护用品，配备应急物品。

（2）工具、材料准备：底漆、面漆、稀料若干，钢丝刷 1 把，棉纱若干，漆刷 1 把，铲刀 1 把，刮刀 1 把，砂纸若干，塑料布若干，漆料桶（盆）1 个。

操作程序：

（1）调配油漆待用。

（2）用铲刀、刮刀、钢丝刷除去老化漆面。

（3）用砂纸除锈打磨。

（4）用棉纱将表面擦拭干净。

（5）先刷底漆，干后刷第二遍，后刷面漆，干后刷第二遍。

风险分析：

(1) 上下平台可能引发高处坠落事故。

(2) 稀料挥发引起呼吸道不适。

(3) 工具使用不当引发人身伤害事故。

安全提示：

(1) 上下操作平台时防止滑倒、坠落。

(2) 防止油漆飞溅造成眼部伤害。

(3) 高处作业要有防护措施。

9. 拆装压力表。

准备工作：

(1) 正确穿戴劳动保护用品，配备应急物品。

(2) 工具、材料准备：压力表2块、防爆开口扳手2把、生料带1卷、垫片若干、可燃气体检测仪1台、笔若干、记录本1本、清洁工具1套。

操作程序：

(1) 记录原压力表压力，关闭压力表取压阀，打开放空阀泄压。

(2) 使用扳手卸下压力表，严禁敲打压力表。

(3) 清理取压管。

(4) 在压力表接头加装密封垫，安装压力表，使表头朝向适合读取的方向。

(5) 缓慢打开取压阀，观察压力表压力指示变化，待指示正常后进行验漏。

(6) 填写记录，收拾工具，清理场地。

风险分析：

(1) 带压操作可能引发机械伤害事故。

(2) 未使用防爆工具可能引发火灾。

安全提示：

（1）严禁带压操作，拆卸压力表时用扳手保护压力表根部阀门，保持紧固，严禁用手直接扭动表头。

（2）使用防爆工具进行操作。

10. 更换双金属温度计。

准备工作：

（1）正确穿戴劳动保护用品，配备应急物品。

（2）工具、材料准备：双金属温度计 1 支、防爆活动扳手 1 把、防爆 F 扳手 1 把、温度计垫圈若干、生料带 1 卷、密封脂若干、可燃气体检测仪 1 台、擦布若干、笔若干、记录本 1 本。

操作程序：

（1）打开旁通阀，保证向下游供气、记录原双金属温度计数值。

（2）关闭双金属温度计上、下游阀门。

（3）打开管路放空阀，泄压至零。

（4）卸下双金属温度计。

（5）清理双金属温度计插孔内的污物、废垫片和生料带。

（6）将双金属温度计接头处涂上密封脂，尾部缠上生料带。

（7）将双金属温度计插入温度计插孔，保证刻度面朝向适合读取的方向。

（8）关闭管路放空阀。

（9）打开双金属温度计上游、下游阀门，对各密封点进行验漏。

（10）关闭旁通阀。

(11) 观察双金属温度计指示变化，待指示正常。

(12) 填写记录，收拾工具，清理场地。

风险分析：

(1) 带压操作可能引发机械伤害事故。

(2) 未使用防爆工具可能引发火灾。

安全提示：

(1) 严禁带压操作，拆卸双金属温度计时严禁用手直接扭动表头。

(2) 使用防爆工具进行操作。

11. 维护保养滤芯式过滤器。

准备工作：

(1) 正确穿戴劳动保护用品，配备应急物品。

(2) 工具、材料准备：过滤器滤芯、F 扳手 1 把、活动扳手 2 把、撬杠 1 根、橡胶密封垫 1 个、润滑脂适量、可燃气体检测仪 1 台、棉纱和砂纸若干、笔若干、记录本 1 本。

操作程序：

(1) 导通流程切换至备用过滤器。

(2) 关闭过滤器进、出口阀门。

(3) 打开放空阀、排污阀泄压、排污，泄压至零。

(4) 压力泄为零后，打开法兰盖，取出滤芯。

(5) 清洗或更换过滤器滤芯，清除筒体内的污物。

(6) 装好过滤器滤芯。

(7) 更换过滤器压盖密封垫。

(8) 装好过滤器压盖，对称均匀上紧法兰盖紧固螺栓。

(9) 关闭放空阀、排污阀。

(10) 适量打开入口阀，用可燃气体检测仪验漏，发现漏气点立即处理。

（11）确认无漏气点，全开进、出口阀门。
（12）关闭旁通阀门，切换流程。
（13）观察过滤器前后压差是否正常。
（14）填写记录，收拾工具，清理场地。
风险分析：
（1）带压操作可能引发机械伤害事故。
（2）未使用防爆工具可能引发火灾。
（3）拆装用力过猛可能产生零配件损坏。
安全提示：
（1）严禁带压操作。
（2）使用防爆工具进行操作。
（3）拆装时不能用力过猛，防止损坏零配件。

12. 维护保养高级孔板阀。

准备工作：
（1）正确穿戴劳动保护用品，配备应急物品。
（2）工具、材料准备：棉纱适量、密封脂适量、清洗剂适量、可燃气体检测仪 1 台、密封圈或密封胶垫 2 个、一字螺丝刀 1 把、内六角扳手 1 套、铜丝刷、专用手柄各 1 把、活动扳手 2 把、清洁工具 1 套。

操作程序：
（1）操作计算机停表，关闭维护孔板的上、下游取压阀。
（2）确认关闭放空阀，确认顶丝拧紧。
（3）开上下腔平衡阀，打开滑阀，缓慢将孔板导板摇至上阀腔。
（4）关闭滑阀，关闭上、下腔平衡阀，打开上阀腔放空阀泄压，确认压力为零。

（5）对称拆卸顶板压板螺栓，取出压板，摇出孔板导板。

（6）清洗孔板，清洁上阀腔、密封垫、密封环，清洗导板、压板、顶板、顶丝；检查孔板密封环、压板密封垫有无损伤（有损伤需更换）。

（7）在导板齿轮、导板槽、密封环、密封垫均匀涂抹薄层润滑脂。

（8）拆下孔板上、下游取压阀下游活接头，分别打开上、下游取压阀，吹扫导压管及下阀腔。

（9）将孔板与导板装配好，正确放入上阀腔，不得装反，摇至上阀腔底部。

（10）装好垫片、压板、顶板、顶丝，对称紧固螺栓。

（11）关闭放空阀，打开平衡阀，开滑阀，将孔板摇至下阀腔到位后，关闭滑阀后关闭平衡阀。

（12）注密封脂，打开放空阀，确认滑阀、平衡阀无内漏，关闭放空阀。

（13）对所有密封部位进行验漏。

（14）同时缓慢打开孔板的上、下游取压阀，操作计算机启表，取压阀验漏。

（15）填写记录，收拾工具，清理场地。

风险分析：

（1）带压操作可能引发机械伤害事故。

（2）拆装压板可能因受力不均造成泄漏。

安全提示：

（1）严禁带压操作。

（2）拆装压板时，应对称松、紧螺栓。

13. 发送清管器。

准备工作：

（1）正确穿戴劳动保护用品，配备应急物品。

（2）工具、材料准备：清管器 1 套、通过指示仪 1 套、F 扳手 1 把、开关机构手柄 1 把、活动扳手 1 把、撬杠 1 根、推拉杆 1 把、润滑脂适量、可燃气体检测仪 1 台，棉纱若干、笔若干、记录本 1 本。

操作程序：

（1）确认球阀关闭，进气阀关闭。

（2）打开放空阀，放空球筒压力为零。

（3）打开快开盲板。

（4）把清管器送入球筒底部大小头处卡紧。

（5）关闭快开盲板，上好防松楔块。

（6）关闭球筒放空阀，打开平衡阀，打开球筒进气阀，待球筒压力与输气压力平衡后全开球阀。

（7）关闭输气管道进气阀，关闭平衡阀，让气全部进入球筒推球并监听发球情况。

（8）待清管器发出后打开输气管道进气阀，关闭球阀及球筒进气阀，恢复流程。

（9）打开放空阀卸压至 0MPa，打开快开盲板，检查清管器是否发出，若未发出重复上述操作，若已发出，保养球筒和快开盲板，关闭快开盲板。

（10）记录发球时间及压力并通知调度室和收球站。

（11）填写记录，收拾工具，清理场地。

风险分析：

球筒内带压可能引发物体打击伤人事故。

安全提示：

打开快开盲板时人体不能正对快开盲板。

14. 接收清管器。

准备工作：

（1）正确穿戴劳动保护用品，配备应急物品。

（2）工具、材料准备：收清管器方案 1 份、通过指示仪 1 套、F 扳手 1 把、开关机构手柄 1 把、活动扳手 1 把、撬杠 1 根、推拉杆 1 把、润滑脂适量、可燃气体检测仪 1 台、棉纱若干、笔若干、记录本 1 本、橡胶桶 1 只、清水适量、塑料布若干。

操作程序：

（1）检查收清管器流程、检查通过指示仪。

（2）确认球筒球阀处于全开状态。

（3）通过指示仪显示，确认清管器进入收球筒，关闭球筒入口球阀。

（4）确认球筒压力归零后，关闭排污阀，卸下防松楔块，打开快开盲板，取出清管器。

（5）清除球筒内污物，保养球筒和快开盲板，关闭快开盲板。

（6）关闭球筒放空阀，恢复生产流程。

（7）对球筒充压验漏，确认快开盲板处可燃气体检测仪检测无泄漏后将球筒泄压至零，确保球筒处于密闭无压状态。

（8）对收球情况进行描述，并汇报调度室。

（9）填写记录，收拾工具，清理场地。

风险分析：

（1）快开盲板内带压可能引发物体打击事故。

（2）清出的硫化铁粉遇空气易自燃。

（3）清理出的污物可能引发中毒或环境污染。

安全提示：

（1）打开快开盲板时人体不能正对快开盲板。

（2）收球结束后，球筒应处于无压状态。

（3）清理出的污物要湿式作业，集中处理，不得随意排放。

15. 测量管道阴极保护电位。

准备工作：

（1）正确穿戴劳动保护用品，配备应急物品。

（2）工具、材料准备：管道阴极保护测试桩 1 座、引线保护套 1 只、清水适量、擦布若干、数字万用表 1 块、饱和液硫酸铜参比电极 1 支、砂纸 1 张、笔若干、记录本 1 本。

操作程序：

（1）对测试端子除污、除锈。

（2）用清水将准备放置电极的土壤润湿。

（3）将硫酸铜电极直立插入湿润土壤中。

（4）连接万用表表笔备用。

（5）打开万用表电源开关，将挡位调在直流 2V 的位置。

（6）将红色表笔与阴极保护测试桩引线连接，黑色表笔与硫酸铜电极连接。

（7）当万用表显示值稳定后记下电位值，连续测量 3 次取平均值，判断阴极保护电位值是否在保护电位区间。

（8）关闭万用表电源。

（9）清洁硫酸铜参比电极。

（10）包好引线并放回原位。

16. 分离器排污操作。

准备工作：

（1）正确穿戴劳动保护用品，配备应急物品。

（2）工具、材料准备：润滑脂适量、棉纱适量、可燃气体检测仪 1 台、记录纸 1 张、防爆活动扳手 1 把、防爆 F 扳手 1 把、防爆撬棍 1 根、水管 1 根，测量杆 1 个、圆珠笔 1 支、清洁工具 1 套。

操作程序：

（1）如有排污池要对排污管道及排污池附近警戒，确保警戒区内无危险因素。

（2）缓慢开启分离器排污阀门，污水由分离器沿排污管排至污水池。

（3）观察分离器液位计示值下降情况。

（4）听排污管内管口污水的流动或喷出声，当分离器液位计液位下降至排污下限，听到排污管内流体流动声音突变时，迅速关闭分离器排污阀。

（5）待污水池液面平稳后，测量污水池液面深度，并按规定做好记录。

风险分析：

（1）污水大量溢出可能会造成中毒或环境污染。

（2）缺少现场监护可能导致无法及时发现现场人员中毒。

（3）如排污池附近有火源可能会造成火灾。

（4）天然气冲击排污池可能会造成中毒或环境污染。

安全提示：

（1）开启分离器排污阀时，应缓慢平稳。

（2）排污过程中，监护人员不得离开现场。

（3）排污池附近的火种要熄灭，要设立安全警戒区。

（4）关闭排污阀时，动作要快，以免天然气冲击排污池。

17. 启用旋风式分离器。

准备工作：

（1）正确穿戴劳动保护用品，配备应急物品。

（2）工具、材料准备：棉纱若干、可燃气体检测仪 1 台、毛刷 1 把、F 扳手 1 把、活动扳手 1 把。

操作程序：

（1）检查容器所属排污阀门处于关闭状态。

（2）检查分离器的安全附件、仪表系统等齐全、完好。

（3）打开安全阀根部手动球阀，关闭放空跨线球阀及闸阀。

（4）打开旋风分离器的入口、出口球阀所属跨线阀，平衡阀门前后压差，并使旋风分离器压力提升至操作压力。

（5）打开旋风分离器的入口、出口球阀，关闭入口、出口球阀所属跨线阀。

（6）观测差压计，旋风分离器前后压差不宜超出 100kPa，若压差超过 100kPa，降低进气量，检查是否存在堵塞情况，并处理。

（7）填写记录，收拾工具，清理场地。

风险分析：

密封点泄漏引发人员中毒。

安全提示：

投运后对密封点进行可燃气体检测。

18. 脱硫塔投用操作。

准备工作：

（1）正确穿戴劳动保护用品，配备应急物品。

（2）工具、材料准备：棉纱若干、可燃气体检测仪1台、F扳手1把、活动扳手1把。

操作程序：

（1）确认排污口阀门和放空口阀门处于关闭状态。

（2）确认脱硫塔的安全附件、仪表系统齐全、完好。

（3）缓慢打开准备使用的脱硫塔进口阀门，再缓慢打开脱硫塔出口阀门，使脱硫塔中的压力逐渐升高到操作压力。

（4）填写记录，收拾工具，清理场地。

风险分析：

脱硫塔压降异常可能会因气体泄漏造成人员窒息、火灾爆炸，或造成脱硫塔失效。

安全提示：

（1）脱硫塔正常操作压降应为0.01～0.1MPa。

（2）投运后对密封点进行可燃气体检测。

19. 调节调压器出口压力。

准备工作：

（1）正确穿戴劳动保护用品，配备应急物品。

（2）工具、材料准备：棉纱若干、可燃气体检测仪1台、F扳手1把、螺丝刀1把、活动扳手1把、笔若干、记录本1本。

操作程序：

（1）将调压器设定螺栓的锁紧螺母松开。

（2）逆时针转动设定螺栓，同时观察调压器出口压力表读数的变化。

（3）如果出口压力低于设定压力，则将调节螺栓向顺时针方向旋转，在旋转过程中观察调压器出口压力，出口压力达到设定值并稳定后，锁紧锁紧螺母。

（4）如果出口压力高于设定压力，需将调节螺栓向逆时针方向旋转，同时保证调节过程中有气流通过，使出口压力达到设定值并稳定后，锁紧锁紧螺母。

（5）填写记录，收拾工具，清理场地。

风险分析：

（1）调压器运行压力波动较大可能造成下游设备损坏或气体泄漏中毒。

（2）超过调压器工作压力可能造成气体泄漏引发人员中毒。

安全提示：

（1）调节时需缓慢进行，边观察边调节。

（2）不能超过调压器工作压力。

20. 投用计量装置。

准备工作：

（1）正确穿戴劳动保护用品，配备应急物品。

（2）工具、材料准备：在线计量装置 2 套、活动扳手 2 把、毛刷 1 把、棉纱若干、可燃气体检测仪 1 台、笔若干、记录本 1 本。

操作程序：

（1）检查流程是否正确。

（2）缓慢开启计量装置的下游阀、上游阀。

（3）关闭计量装置旁通阀。

（4）按程序启动计量仪表。

（5）检查计量是否正常。

（6）对操作过的设备进行验漏，保证正常生产。

（7）填写记录，收拾工具，清理场地。

风险分析：

开关阀门时可能引发机械伤害事故。

安全提示：

开关阀门时做到侧身、平稳、缓慢。

21. 停运计量装置。

准备工作：

（1）正确穿戴劳动保护用品，配备应急物品。

（2）工具、材料准备：在线计量装置 2 套、活动扳手 2 把、毛刷 1 把、棉纱若干、可燃气体检测仪 1 台、笔若干、记录本 1 本。

操作程序：

（1）检查流程是否正确。

（2）开启计量装置备用管路供气，保证正常生产。

（3）关闭计量装置的上、下游取压阀。

（4）按程序关闭计量仪表。

（5）对操作过的设备进行验漏。

（6）填写记录，收拾工具，清理场地。

风险分析：

开关阀门时可能引发机械伤害事故。

安全提示：

开关阀门时做到侧身、平稳、缓慢。

22. 火炬放空点火操作。

准备工作：

（1）正确穿戴劳动保护用品、配备应急物品及通信设备。

（2）工具、材料准备：活动扳手 1 把、笔若干、记录本 1 本。

操作程序：

（1）确认放空火炬流程，确认点火系统供电正常。

（2）开副火炬控制阀，确认副火炬供气管道是否畅通。

（3）合上点火系统送电。

（4）按启动按钮点燃副火炬。

（5）缓慢开主火炬放空控制阀进行放空，火炬点燃。

（6）观察压力、放空火焰变化，调节好放空气量。

（7）关闭副火炬控制阀、电源。

（8）填写记录，收拾工具，清理场地。

风险分析：

（1）放空管绷绳松动导致不稳定可能造成机械伤害事故。

（2）检查阻火器处于正常工作状态。

安全提示：

点火前要检查放空管稳定情况。

23. 启动柱塞泵操作。

准备工作：

（1）正确穿戴劳动防护用品，配备应急物品。

（2）工具、材料准备：F 扳手 1 把、活动扳手 1 套、红外线测温仪 1 台、听诊器 1 支、笔若干、记录本 1 本。

操作程序：

（1）检查设备周围有无异物及影响操作的障碍。

（2）检查管路各连接处是否存在渗漏。

（3）检查泵的各连接部位是否紧固。

（4）检查传动箱是否缺油。

（5）打开泵的进、出口阀门，导通系统流程。

（6）调整泵的行程处在 0 位。

（7）按启泵按钮。

(8) 缓慢调节流量至规定流量。

(9) 检查填料是否泄漏或过热。

(10) 观察泵的运行状况并调整好各参数。

(11) 调整设备运行指示牌为“运行”，做好设备运行记录。

风险分析：

泵进、出口阀门未打开可能造成物体打击事故和设备损坏。

安全提示：

启泵前确认泵进、出口阀门打开，流程已导通。

24. 停运柱塞泵操作。

准备工作：

(1) 正确穿戴劳动防护用品，配备应急物品。

(2) 工具、材料准备：F 扳手 1 把、活动扳手 1 套。

操作程序：

(1) 将泵的行程调整至 0 位。

(2) 按停止按钮，切断电源。

(3) 关闭泵进、出口阀门。

(4) 将设备运行指示牌调整为“备用”或“检修”状态，做好设备运行记录。

风险分析：

泵行程调节过快可能造成物体打击事故和设备损坏。

安全提示：

泵的行程调节应缓慢，不宜过快过猛。

25. 测定埋地管道走向、埋深、防腐层破损点。

准备工作：

(1) 正确穿戴劳动保护用品。

（2）工具、材料准备：DM发射机1台、接收机1台、A字架1个、信号输出线1条、接地钎1个、电源线1条、外接电源1个、坐标定位仪1台、笔若干、记录本1本、标记物若干、埋地管道1段。

操作程序：

（1）发射机安装接线。将发射机与外接电源和信号输出线进行连接。

（2）发射机开机调节。选择发射机频率，输出电流。

（3）接收机开机调节。选择接收机频率，定位模式等。

（4）管线定位操作。打开接收机进入管道定位界面，可根据峰值法或谷值法来确定管道的正上方，然后根据界面指针的指向，确定管道的走向。

（5）管道埋深操作。接收机放在管道垂直90°上方，管道定位界面直接显示管道的埋深，即显示此处管道截面中心处距接收机底部的距离。

（6）管道防腐层破损检测操作。将A字架连接至接收机，直接进入管道绝缘故障点定位界面，查找管道防腐层破损点，确定破损点准确位置。

（7）标记、记录、关机。确定管道走向、破损点位置后做好标记，正确记录探测结果，关闭电源，收拾好工具、材料。

风险分析：

（1）发射机未关或未接地可能造成人员触电或设备损坏。

（2）防止环境危险因素危及人身安全。

安全提示：

在连接电源之前，发射机必须关闭，发射机必须进行接地。

26. 使用正压式空气呼吸器。

准备工作：

（1）正确穿戴劳动保护用品，配备应急物品。

（2）工具、材料准备：正压式空气呼吸器 1 套。

操作程序：

（1）确认气瓶压力值在正常范围内（27 ～ 30MPa），气密性良好（30s 内压降不大于 1MPa）。

（2）气瓶阀打开半圈后关闭，检查报警哨，按下呼吸控制阀的红色按钮，观察压力降至 5 ～ 6MPa 时，报警哨报警为合格。

（3）把呼吸器背于后背上，将两侧肩带向下拉紧。

（4）扣上腰带插扣，两手抓住腰带末端拉紧。

（5）将面罩吊带套在颈部，使面罩挂在胸前。

（6）用双手拉开面罩头带，把面罩下部套在下巴上，再把头带拉向头部套在头上，用手均匀地抚平头带，先收紧颈部的带子，然后收紧太阳穴处的带子和前额处的带子。

（7）检查面罩的气密性。用手掌封住供气接口并吸气，如感到无法呼吸，说明密封良好。

（8）打开气瓶阀手轮约两圈。

（9）将供气阀连接在罩上的接口处，深吸一口气后供气阀自动打开，空气进入面罩内。

（10）使用人确认呼吸正常后，方可正常使用。

风险分析：

（1）气瓶压力过高或过低可能导致窒息或其他伤害。

（2）操作不当可能导致窒息。

安全提示：

（1）气瓶压力必须符合要求。

（2）出现异常导致呼吸困难时必须立即撤离危险毒害区域。

27. 使用 XP-706 便携式可燃气体检测仪检测。

准备工作：

（1）正确穿戴劳动保护用品，配备应急物品。

（2）工具、材料准备：XP-706 便携式可燃气体检测仪 1 台、笔若干、记录本 1 本。

操作程序：

（1）站到待检阀组的上风口，打开可燃气体检测仪，将检测仪调整至“0”挡。

（2）将探头靠近被检处，观察检测仪报警灯变化。

（3）检查所有法兰、所有阀门压盖、压力表接头、所有焊口等，如检测仪报警灯闪烁变化及报警声，确认该处为漏点，报警声越急促说明渗漏量越大。

（4）检查完毕，做好记录，关闭可燃气体检测仪。

风险分析：

防止检测仪掉落损坏设备。

安全提示：

避免产生静电火花。

28. 使用全面型防毒面具操作。

准备工作：

（1）正确穿戴劳动保护用品，配备应急物品。

（2）工具、材料准备：防毒面具 1 套。

操作程序：

（1）根据要进入场所的气体选择滤毒盒型号，并检查滤毒盒的有效期。

（2）将滤毒盒的缺口与面罩上的小凸起对齐，并将两者压在一起。

（3）顺时针转动滤毒盒（1/4 周）直至终点，同样方法安装另一个滤毒盒。

（4）将全面型防毒面具四条头带放松，将头带戴在头的后部，用面罩盖住面部。

（5）拉紧四条头带，调整至面罩与头部配合严密，先调节颈部的带子，然后调节头前部的带子，不要将带子拉得过紧。

（6）做正压和负压密合性试验。

风险分析：

不正确的穿戴可能导致中毒或窒息。

安全提示：

使用前确认滤毒盒型号及有效期。

29. 使用手提式干粉灭火器操作。

准备工作：

（1）正确穿戴劳动保护用品，配备应急物品。

（2）工具、材料准备：防毒面具 1 套、手提式干粉灭火器 2 台。

操作程序：

（1）确认灭火器的外观完好；确认灭火器的校验日期有效；确认检查灭火器的压力指示在正常值范围绿色区内；确认灭火器的铅封完好。

（2）戴好防毒面具，将灭火器提至着火点附近。

（3）灭火时站在上风口处，为了防止干粉受潮结块影响灭火效果，将灭火器上下颠倒几次。

（4）抽出喷嘴，拔掉保险销。

（5）一手扶住喷嘴，将喷嘴对准火焰左右摆动，另一手压下灭火器压把左右摆动，由近及远地推进，使喷出的药剂喷向火焰根部，直至火焰熄灭。

风险分析：

（1）液态燃烧物质喷溅可能导致灼烫伤。

（2）离火焰过近可能导致灼烫伤。

安全提示：

（1）注意防止液态燃烧物质喷溅。

（2）注意和火焰保持适当的距离。

（3）彻底灭火，防止复燃。

30. 使用二氧化碳灭火器。

准备工作：

（1）正确穿戴劳动保护用品，配备应急物品。

（2）工具、材料准备：棉手套 1 副、二氧化碳灭火器 1 台、正压式空气呼吸器 1 副。

操作程序：

（1）穿戴好正压式呼吸器，佩戴好手套，将灭火器提到起火点，放下灭火器，拔出保险销。

（2）一只手握住喇叭筒根部的手柄，另一只手紧握启闭阀的压把，对没有喷射连接管的二氧化碳灭火器，应把喇叭筒往上扳 70°～90°。

（3）站在上风向离火源 2m 处，用力压下压把，对准火焰根部喷射向前推进，直至把火焰扑灭。

风险分析：

（1）二氧化碳汽化吸热可导致冻伤。

（2）室内窄小空间使用可能导致缺氧窒息。

安全提示：

（1）不能直接用手抓住喇叭筒外壁或金属连接管，防止手被冻伤。

（2）室内窄小空间使用的，应佩戴正压式空气呼吸器。

31. 管道泄漏初期处置。

准备工作：

正确穿戴劳动防护用品，配备应急物品。

工具、材料准备：警戒带1条、《危险危害通知书》1份、插地钎1个。

操作程序：

（1）查看泄漏点位置、泄漏介质和周边情况。

（2）根据风向、风力、泄漏量布置警戒区域，到安全区域向上级汇报现场情况。

（3）疏散周边人员，禁止车辆通行，警戒区域内禁止使用手机等设备，禁止使用明火。

（4）向周边发放《危险危害通知书》，禁止无关人员进入警戒区。

（5）配合进行流程切换。

（6）引导抢修人员进入抢修区域。

风险分析：

不正确判断安全区域可能引起火灾爆炸或财产损失。

安全提示：

结合管道走向、风向、风力确定安全区域。随时监测泄漏情况，扩大或缩小警戒区。

32. 焊接动火作业之前检查。

准备工作：

（1）正确穿戴劳动保护用品，配备应急物品。

（2）工具、材料准备“整改问题通知单”1份、可燃气体检测仪2台。

操作程序：

（1）施工人员检查。检查焊工资质是否符合要求，是否持有效上岗证，是否正确穿戴焊工防护用品，施工监督员是否到位。

（2）许可证检查。检查《动火作业技术方案》《动火作业许可证》等审批手续是否齐全。

（3）检查灭火器是否完好备用。

（4）检查氧气瓶、乙炔瓶、氩气瓶、电焊机等是否完好，安全距离是否合格。

（5）检查胶管、焊把线是否完好。

（6）检查电焊机电源线是否完好。

（7）按《动火作业技术方案》的规范要求检查其他项目。

（8）检查出的问题填写“整改问题通知单”，要求不能漏项、缺项，字迹工整，不允许涂改。

（9）属地单位对动火作业管道、环境进行可燃气体检测，确认符合动火条件。

风险分析：

（1）未经检查便进行危险作业可能导致火灾爆炸等事故。

（2）记录资料时未注意自身安全可能导致机械伤害等事故。

安全提示：

（1）检查完成、相关负责人到现场后方可动火。

（2）录取资料时应注意安全。

33. 管道周边第三方施工的处置。

准备工作：

（1）正确穿戴劳动保护用品，配备应急物品。

（2）工具、材料准备：《施工危险危害通知书》1份、笔若干。

操作程序：

（1）查看施工地点是否在管道安全区域内。

（2）向施工单位负责人了解施工情况。

（3）告知施工单位负责人管道介质、管径、埋深、防腐形式及相关危险危害。

（4）对施工单位进行安全教育，要求在作业区域内采用人工开挖，探明管道情况后再按施工标准进行施工，对施工情况现场监督。

（5）填写《施工危险危害通知书》，留存联系方式。

（6）向上级汇报并做好记录。

风险分析：

（1）施工时有可能损害管道进而引发气体泄漏、火灾、爆炸。

（2）如有管道泄漏可造成火灾进而发生高温灼伤等人身财产损失。

安全提示：

（1）出现危害管道安全的行为立即停止施工。

（2）有管道泄漏的情况立即做好警戒并启动应急预案。

34. 天然气窒息急救。

准备工作：

（1）正确穿戴劳动保护用品，配备应急物品。

（2）工具、材料准备：急救箱1个、正压式空气呼吸器1台。

操作程序：

（1）拨打“120”寻求救助。

（2）正确穿戴空气呼吸器。

（3）将室息人员移至安全区域，保持空气流通。

（4）检查伤员中毒情况，采取相应急救措施。

风险分析：

不正确穿戴空气呼吸器可能有室息危险。

安全提示：

按操作规程正确穿戴空气呼吸器。

35. 遥测管道电位操作。

准备工作：

（1）正确穿戴劳动保护用品，配备应急物品。

（2）工具、材料准备：电脑 1 台。

操作程序：

（1）登录电位遥测系统。

（2）选择测量电位管道。

（3）确定电位测试桩。

（4）查看电位测量历史记录。

（5）导出电位测量数据，并正确保存导出数据。

（6）对异常数据进行原因分析、排查、记录、上报。

风险分析：

操作不当造成设备损坏。

安全提示：

正确使用设备。

36. 检测管道周边土壤杂散电流。

准备工作：

（1）正确穿戴劳动保护用品，配备应急物品。

（2）工具、材料准备：杂散电流检测仪 1 台、笔若干、记录本 1 本。

操作程序：

（1）测量前，将测试棒接线分别旋紧于两接线柱中。

（2）调节表头指针至零刻度线。

（3）将检测仪置于量程最大挡。

（4）将与接线柱相接的测试棒分别置于被测的两点（如钢轨、水管、电缆外皮、煤炭、大地等），两测点应在不同的导体上，测点距离约为2m。

（5）将转换开关置于适当挡位，根据表头指示值换算得到相应的电流值。

风险分析：

操作不当造成设备损坏。

安全提示：

（1）当被测电流大于5A时，仪器只宜进行短时测量，当被测电流大于10A时，仪器只宜进行瞬时测量，以免大电流烧毁元件及仪表。

（2）当未知杂散电流大小时，应先置于量程最大挡，然后逐步减小，直至调至适当测量挡。

（3）仪器不用时应置于“关”位置。

37. 使用超声波壁厚检测仪检测壁厚操作。

准备工作：

（1）正确穿戴劳动保护用品。

（2）工具、材料准备：超声波壁厚检测仪1台、耦合剂若干、笔若干、记录本1本、标记物若干、管道1段。

操作程序：

（1）超声波检测仪开机。

（2）根据测量对象的材质进行声速调节。

（3）设置探头频率。

（4）耦合剂均匀涂于被检测区。

（5）将探头与被测材料良好耦合。

（6）读取厚度，做好记录与标记。

（7）清除耦合剂，关闭电源。

（8）对打磨过的测量点进行防腐维护。

风险分析：

操作不当造成设备损坏。

安全提示：

测量点需要进行打磨，达到检测条件方可进行检测。

38. 使用电火花检测仪对管道外防腐层检测操作。

准备工作：

（1）正确穿戴劳动保护用品。

（2）工具、材料准备：电火花检测仪 1 台、笔若干、记录本 1 本、标记物若干、管道 1 段。

操作程序：

（1）探棒连接电缆与高压探棒连接插头连接好，连接电缆另一端插入主机的高压探棒连接插座。

（2）连接地线夹和接地座。

（3）根据不同的探测需要选择适当的探极。

（4）检查机器工作情况：

① 将开关键打到“开”的位置，工作指示灯亮，表示仪器工作正常。

② 按下高压枪上的高压开关，调节高压调压旋钮至检测所需电压。

③ 将地线夹与主机接地座连接，探极与地线夹裸点接近，应有火花产生，并伴有声响报警，缓慢调高输出电压，火花产生的距离越来越大，说明仪器工作正常，即可开始

检测。

（5）根据防腐层厚度选择合适的检测电压。

（6）检测时，应根据防腐材料和厚度，选择较佳的每分钟检测的前进速度，以保证更好的检测质量；在正常检测中，当防腐层有质量问题时，仪器探刷与漏点之间会发出明亮的电火花，同时伴有声响报警和缺陷指示灯闪亮。

（7）检测完毕后，各开关恢复原状。

（8）记录监测数据。

风险分析：

（1）操作不当造成设备损坏。

（2）未按要求佩戴高压手套造成人员受伤。

（3）探极必须与后面板的接地线直接短路放电后方可收存，以防高压电容存电。

安全提示：

必须按要求佩戴高压手套。

关闭电源后，探刷必须与主机接地线直接短路放电，方可收存。检测时管段周围不能有无关人员，检测区域内不能有其他危险因素。

39. 检测阳极井接地电阻。

准备工作：

（1）正确穿戴劳动保护用品。

（2）工具、材料准备：接地电阻检测仪 1 台、笔若干、记录本 1 本、标记物若干、管道 1 段。

操作程序：

（1）首先按规定埋置好表附的辅助接地探针及连接导线（C- 接 40m 长线，P- 接 20m 短线，E- 接地极）。

（2）关闭恒电位仪电源，断开被测接地极与被保护的电气设备的连接线。

（3）置平仪表，选择适当倍率。

（4）摇动仪表调正平衡指示器，使表针指零。

（5）尽量使仪表工作在额定转速时读数，有地中电流干扰时也可小范围改变转速，使仪表达到指零再读取数值。

（6）每次改变倍率都必须重新调整测量度盘，使仪表平衡指零。

风险分析：

操作不当造成设备损坏。

安全提示：

测量前确保恒电位仪电源关闭。

二、常见故障的判断与处理

（一）集输管道部分

1. 天然气管道泄漏有什么现象？原因有哪些？如何处理？

故障现象：

（1）可燃气体检测仪报警。

（2）泄漏点位于水塘处，水中会产生气泡。

（3）大量泄漏时气体冲出地表，形成冲击坑，伴随着刺耳声响，管道压降异常。

（4）长期泄漏可导致漏点附近植被枯黄。

（5）泄漏现场有刺激性气味。

（6）大量泄漏可导致管道首末端压力、输差异常。

故障原因：

（1）管道腐蚀导致穿孔泄漏。

（2）机械损伤破坏管道造成泄漏。

（3）管道焊接质量不合格造成焊口开裂。

处理方法：

（1）管道巡护人员对现场初期警戒，并向上级汇报。

（2）对管道停气、放空。

（3）开挖查找管道漏点。

（4）对管道进行置换、检测。

（5）对管道进行焊接、防腐。

（6）回填。

（7）总结、处理、记录。

2. 轻烃管道泄漏有什么现象？原因有哪些？如何处理？

故障现象：

（1）可燃气体检测仪报警。

（2）管道上方土壤呈黑色或结霜。

（3）有臭鸡蛋气味。

（4）周围植被枯黄。

（5）水域表面有轻烃漂浮。

（6）大量泄漏时有雾状气体喷出地表，管道压降异常。

故障原因：

（1）管道腐蚀导致穿孔泄漏。

（2）机械损伤破坏管道造成泄漏。

（3）管道焊接质量不合格造成焊口开裂。

处理方法：

（1）管道巡护人员对现场初期警戒并向上级汇报。

（2）对管道停运、扫线、泄压。

（3）开挖查找漏点。

（4）对管道进行置换、检测。

（5）对管道进行焊接、防腐。

（6）将现场轻烃污染的土壤进行无害化处理。

（7）回填。

（8）总结、处理、记录。

3. 管输天然气被盗有什么现象？如何处理？

故障现象：

（1）管堤有动土痕迹。

（2）管道输差异常。

（3）附近一般有高耗能厂点，一般多见于夜间生产。

（4）被盗的位置一般处于有植被遮挡、环境复杂等不易被发现区域。

处理方法：

（1）向上级汇报，说明现场情况。

（2）保护现场，防止物证被破坏。

（3）配合相关部门调查处理。

（4）做好记录。

4. 管输轻烃被盗有什么现象？如何处理？

故障现象：

（1）管堤有动土痕迹。

（2）管道输差异常。

（3）偷盗装车地点周边有刺激性轻烃气味。

（4）偷盗装车地点一般位于房屋、院落、树林、大棚等隐蔽区域，周边有大型运输车辆痕迹。

处理方法：

（1）向上级汇报，说明现场情况。

（2）保护现场，防止物证被破坏。

（3）配合相关部门调查处理。

（4）做好记录。

5. 天然气管道堵塞有什么现象？原因有哪些？如何处理？

故障现象：

（1）上游压力异常升高，输气量减少。

（2）下游压力逐渐降低，来气量减少。

（3）检测气质水露点值异常。

故障原因：

（1）冬季由于水露点值异常，形成水合物或结冰堵塞管道。

（2）入冬前通球扫线不及时，未及时清除管道内水合物。

（3）由于管道敷设过程中埋深较浅或管道沿线地貌发生变化造成管道埋深不足，冬季管道内形成水合物堵塞或结冰造成冻堵。

处理方法：

（1）如管道未完全冻堵，管道压力出现异常下降时，在上游站场增大防冻缓蚀剂加注量。

（2）提高上游来气温度。

（3）完全冻堵时先确定冻堵部位，挖开土方，用蒸汽加热、对冻堵点带压开孔，采用加注防冻缓蚀剂等方法解堵。

6. 轻烃管道冻堵有什么现象？原因有哪些？如何处理？

故障现象：

（1）起点压力异常升高，终点压力与系统压力持平，输烃量减少。

（2）部分管段完全冻堵时，起点压力升高，终点压力始终与系统压力持平，轻烃无法外输。

故障原因：

（1）冬季介质含水结冰堵塞管道。

（2）入冬前通球扫线不及时，未及时清除管道内积水。

（3）上游外输轻烃沉降时间不足。

（4）水密度大于轻烃密度，水易在管道底部低洼地段聚集，冬季输送时结冰堵塞管道。

处理方法：

（1）如管道未完全冻堵，发生管道上游压力出现异常升高时，在上游站场增大防冻缓蚀剂加注量。

（2）完全冻堵时先确定冻堵部位，挖开土方，用蒸汽加热、对冻堵点带压开孔并加注防冻缓蚀剂等方法解堵。

7. 电位测试桩保护电位异常有什么现象？原因有哪些？如何处理？

故障现象：

（1）管地电位高于 −0.85V。

（2）管地电位低于 −1.2V。

（3）管地电位等于零。

故障原因：

（1）恒电位仪故障。

（2）测试桩周围存在杂散电流。

（3）测试桩与管道连接导线断开。

（4）绝缘层破损漏电；有其他金属物和被保护管道搭接；绝缘法兰漏电等。

处理方法：

（1）查找恒电位仪故障原因并进行维修。

（2）对管道存在杂散电流区域进行排流处理。

（3）重新连接测试桩与管道连接导线。

8. 导致清管器卡球故障的原因有哪些？如何处理？

故障原因：

（1）推球压差过小导致卡球。

（2）污物多、阻力大导致卡球。

（3）管道变形导致清管器与管道密封不严，停止运行。

（4）清管器过盈量偏大。

处理方法：

（1）反向推球或提高推球压差使清管器运行，取出清管器。

（2）找到变形管段，修复或更换。

（3）选择过盈量适合的清管器。

（二）计量间部分

1. RTZ 调压器常见故障现象是什么？故障的原因有哪些？如何处理？

故障现象：

（1）调压器出口压力为零且调压器出口流量为零。

（2）调压器出口压力减小且调压器出口流量减小。

（3）调压器出口压力增大且调压器出口流量增大。

故障原因：

（1）调压器前截止阀出现异常，过滤器堵塞；紧急切断阀未开启；调压器额定压力不符合要求。

（2）下游用气量超过调节阀控制上限，入口过滤器阻塞，外网管道有泄漏，冬季管道有冻堵。

（3）阀杆被积垢粘住，在开启状态下膜片破裂，弹簧损坏，指挥器损坏造成管道直通。

处理方法：

（1）更换调压器前截止阀，清洗过滤器，开启紧急切断阀，旋紧调整螺钉，增大弹簧载荷。

（2）待流量正常后，打开调压器上螺母，缓慢朝顺时针方向旋转增加出口压力，清洗或更换过滤器滤芯，处理泄漏点，处理管道冻堵。

（3）清洗调压器，更换膜片，更换弹簧，更换指挥器。

2. 加臭泵常见的故障现象是什么？故障原因有哪些？如何处理？

故障现象：

（1）加臭泵启动无响应。

（2）加臭泵工作时无输出，机油消耗大。

（3）不显示加臭流量。

（4）加臭泵的输出量降低。

故障原因：

（1）电源故障，熔断丝熔断。

（2）泵室内有空气或膜片严重破裂。

（3）单次注入量不稳。

（4）机油黏度不适宜或上下单向阀、补油阀内有杂质。

处理方法：

（1）排除电路故障，更换熔断丝。

（2）打开排气阀排出泵内空气或更换膜片。

（3）调整泵行程，确定单次注入量。

（4）更换机油或更换单向阀或补油阀。

3. 弹簧式压力表常见的故障现象是什么？故障的原因有哪些？如何处理？

故障现象：

（1）指针不动。

（2）指针跳动。

(3) 超压后指针不归零。

(4) 指针超程。

(5) 指针脱落。

故障原因：

(1) 压力表控制阀门未打开，传压孔堵塞。

(2) 指针和中心轴松动，扇形齿轮和啮合齿轮脱落。

(3) 游丝弹簧失效，传动件生锈或夹有杂物。

(4) 弹簧弯管失去弹力，使指针松动。

处理方法：

(1) 打开压力表控制阀门，疏通传压孔。

(2) 更换压力表。

4. 压力变送器压力指示不正确的故障原因有哪些？如何处理？

故障原因：

(1) 变送器供电电源异常。

(2) 变送器参照压力值错误。

(3) 压力指示仪表的量程与压力变送器的量程不一致。

(4) 导压管路温度过高。

(5) 1 ～ 5V 的压力指示仪表未在输入端并接电阻。

(6) 压力变送器平衡阀泄漏，造成变送器输出变大。

(7) 气体流量导压管积液。

(8) 压力变送器引压管堵塞。

(9) 压力变送器引压管泄漏。

(10) 变送器零位值超差。

处理方法：

(1) 修理或更换变送器供电电源。

(2) 检查变送器参照压力值是否正确。

（3）压力指示仪表的量程与压力变送器的量程应一致。

（4）出现导压管路温度过高时应加缓冲管散热。

（5）1 ～ 5V 的压力指示仪表必须在输入端并接一个精度在千分之一及以上、电阻值为 250Ω 的电阻，然后再接入变送器的输入。

（6）处理压力变送器平衡阀泄漏。

（7）排出气体流量导压管的积液。

（8）处理压力变送器引压管堵塞。

（9）处理压力变送器引压管泄漏。

5. 压力变送器发生无信号输出故障的原因有哪些？如何处理？

故障原因：

（1）电源极性接反。

（2）电源线断开。

（3）电源电压选择错误。

（4）变送器表头主板损坏。

处理方法：

（1）电源正负极连接正确。

（2）将电源线连接牢固。

（3）选择 24V DC 的供电电源。

（4）修理或更换主板故障的表头。

6. 压力变送器输出电流异常的故障原因有哪些？如何处理？

故障原因：

（1）差压变送器正压室堵塞，变送器输出电流偏低或出现负值。

（2）差压变送器负压室堵塞，变送器输出电流偏高或超过最大值。

处理方法：

（1）处理差压变送器正压室堵塞。

（2）处理差压变送器负压室堵塞。

7. 压力变送器输出电流小于 4mA 的原因有哪些？如何处理？

故障原因：

（1）实际压力超过了压力变送器的所选量程。

（2）变送器浪涌保护器被击穿。

（3）变送器电源电压异常。

（4）电源线连接不牢固。

处理方法：

（1）选择的变送器量程与实际压力范围相匹配。

（2）更换被击穿的浪涌保护器。

（3）选择与变送器相匹配的供电电压。

（4）将变送器电源线连接牢固。

8. 热电阻温度传感器仪表或计算机上显示测量值一直为最大值，或显示为远远超过正常温度的示值的故障的原因是什么？如何处理？

故障原因：

（1）热电阻温度传感器有断路。

（2）铂热电阻接线松动接触不良。

处理方法：

（1）检查现场铂热电阻输出电阻值是否正常，断开铂热电阻接线盒的电阻输出端，用万用表测量输出电阻值是否正常，用200Ω挡测出的电阻值为无穷大可判断铂电阻开路。更换合格的铂电阻丝。

（2）接好铂热电阻松动的接线。

9. 热电阻温度传感器计量系统计算机显示的温度曲线有时正常，有时回零的故障的原因是什么？如何处理？

故障原因：

热电阻信号隔离器或铂热电阻接线接触不良。

处理方法：

（1）检查现场铂热电阻的接线盒的接线是否松动。

（2）检查仪表间机柜里的热电阻信号隔离器接触是否良好。

10. 平板闸阀密封填料渗漏故障的原因有哪些？如何处理？

故障原因：

（1）密封填料圈数不够。

（2）密封填料未压平、压紧。

（3）密封填料使用太久失效。

（4）阀门丝杆磨损或腐蚀。

处理方法：

（1）增加填料。

（2）均匀拧紧压盖螺栓。

（3）更换密封填料。

（4）修理或更换阀杆。

11. 平板闸阀关闭不严的故障原因有哪些？如何处理？

故障原因：

（1）阀内有杂质沉积。

（2）闸板变形。

（3）密封面损坏。

处理方法：

（1）拆卸清洗零部件，对有吹扫口的闸板阀定期吹扫。

（2）更换闸板。

（3）更换密封面。

12. 截止阀密封填料渗漏的故障原因有哪些？如何处理？

故障原因：

（1）密封填料圈数不够。

（2）密封填料未压平、压紧。

（3）密封填料使用太久失效。

（4）阀门丝杆磨损或腐蚀。

处理方法：

（1）增加填料。

（2）均匀拧紧压盖螺栓。

（3）更换密封填料。

（4）修理或更换阀杆。

13. 截止阀关闭不严的故障原因有哪些？如何处理？

故障原因：

（1）部分需注脂的密封阀门密封脂注入不足。

（2）密封面间夹有污物。

（3）阀芯汽蚀或密封盘损坏。

处理方法：

（1）加注密封脂。

（2）用气流冲洗或拆卸阀体清洗。

（3）堆焊加工研磨阀芯，更换阀芯，更换密封盘。

14. 截止阀阀体与阀盖间法兰漏气的故障原因有哪些？如何处理？

故障原因：

（1）阀盖螺栓松动。

（2）阀盖垫片腐蚀、磨损。

（3）阀体与阀盖密封面有污物。

（4）关阀时用力过猛，造成阀盖间隙过大。

处理方法：

（1）均匀紧固阀门压盖螺栓（阀门打开之后）。

（2）更换阀盖垫片。

（3）清除阀体与阀盖密封面污物。

（4）维修阀盖或更换阀门。

15. 球阀不能正常开关的故障原因有哪些？如何处理？

故障原因：

（1）前后压差过大。

（2）阀杆密封脂注入压力过高，阀杆抱死。

（3）手动阀门蜗杆销钉损坏。

（4）气动、电动阀门无动力源。

（5）气动、电动阀门驱动头故障。

（6）阀杆键损坏。

处理方法：

（1）平衡前后压力。

（2）适当调整密封填料压盖。

（3）更换损坏销钉。

（4）开启动力源。

（5）检修排除驱动头故障。

（6）更换损坏部件。

16. 球阀关闭不严密的故障原因有哪些？如何处理？

故障原因：

（1）密封件损坏。

（2）开关限位不准确。

处理方法：

（1）维修、更换相应密封件或注脂处理。

（2）调整球阀开关限位。

17. 球阀注脂口漏气的故障原因有哪些？如何处理？

故障原因：

（1）单向阀内油脂干涸。

（2）单向阀内弹簧、密封件损坏。

处理方法：

（1）停气后拆下清洗。

（2）更换相应部件。

18. 阀门阀杆转动不灵的故障原因有哪些？如何处理？

故障原因：

（1）密封填料压盖过紧。

（2）阀杆或螺母螺纹损坏。

（3）阀杆与螺母间的螺纹锈蚀或存在杂质。

（4）阀杆弯曲变形。

（5）传动机构损坏。

处理方法：

（1）适当松动密封填料压盖螺栓。

（2）检修阀杆、螺母螺纹。

（3）清除阀杆与螺母螺纹上铁锈、杂质，并加润滑油。

（4）更换阀杆。

（5）维修保养传动机构。

19. 气液联动阀门机构进行远程开、关操作时，执行机构无响应的故障原因有哪些？如何处理？

故障原因：

（1）仪表控制回路有问题，远控指令未发出，通信故障。

（2）测量回路有问题，电磁线圈阻值不正确，线路电缆有断路、短路。

（3）气源管路堵塞不通。

（4）未对电控单元板控制程序中上次执行的任务进行清除，造成新的任务不能执行。

（5）电控单元控制块通路堵塞。

（6）执行机构控制模式未在远控状态。

处理方法：

（1）判断 PLC 机柜的 DI 模块是否发出，排除通信故障。

（2）排除测量回路问题，测量电磁阀线圈阻值是否正确，判断线路电缆是否有断路、短路。

（3）疏通气源管路。

（4）对电控单元板控制程序中的上次执行任务进行清除。

（5）修理电控单元控制块通路。

20. 气液联动阀门执行机构未全开、全关到位的故障原因是什么？如何处理？

故障原因：

（1）阀门开关状态错误。

（2）阀门扭矩过大，远控开关时间不够。

（3）气源压力不足，气管路不通。

（4）限位开关的限位位置不对。

处理方法：

（1）检查 PLC 的 DI 模板指示灯状态，确认阀门开关状态是否正确。

（2）手动开关阀门，检查阀门扭矩，进行阀门清洗，注润滑脂处理，调整阀门开关时间。

（3）读取气源压力显示值，判断压力是否充足，对杂质堵塞的过滤网进行清洗。

（4）调整开关的限位位置。

21. 气液联动阀门执行机构动作慢的故障原因是什么？如何处理？

故障原因：

（1）储气罐内的储气量不足。

（2）动力源管线过滤网堵塞，气体内有杂质。

（3）阀门阀体扭矩过大。

处理方法：

（1）打开动力气源管线入口手动阀，查看储气罐内气压。

（2）清洗过滤网。

（3）更换损坏销钉。

（4）清洗阀门、加注润滑脂。

22. 气液联动阀门执行机构误动作的故障原因是什么？如何处理？

故障原因：

（1）引压管路出现冰堵，电控单元检测到错误的管线低压，执行紧急截断关阀。

（2）压力传感器管路泄漏。

处理方法：

（1）处理引压管路冻堵。

（2）修理更换压力传感器管路。

23. 单流阀介质倒流的故障原因有哪些？如何处理？

故障原因：

（1）密封面破坏。

（2）夹入杂质。

处理方法：

（1）修复密封面。

（2）清除杂质。

24. 法兰渗漏的原因是什么？如何处理？

故障原因：

（1）法兰密封面间有杂物。

（2）法兰密封面损坏。

（3）法兰螺栓松动，间隙不一致。

（4）法兰垫片损坏。

（5）密封材料选择不当。

处理方法：

（1）清除法兰面间杂物。

（2）更换法兰。

（3）对角紧固法兰螺栓，并调整法兰间隙一致。

（4）更换法兰垫片。

（5）选择正确的密封材料。

25. 安全阀常见的故障现象是什么？故障原因有哪些？如何处理？

故障现象：

（1）安全阀泄漏。

（2）动作不灵活，安全阀不能迅速开启和关闭。

（3）安全阀不在调定的规定开启压力下动作。

（4）安全阀达不到全开状态。

故障原因：

（1）密封面损伤、密封面夹有异物、弹簧功能下降、安装不正确等导致安全阀泄漏。

（2）运动部件卡阻、部件碰伤或锈蚀、设备或管道不清洁。

(3) 开启压力、排放压力、回座压力不符合要求。

(4) 由于弹簧的腐蚀或弹簧的刚度过大，造成安全阀达不到全开状态。

处理方法：

送达有检定资质的部门处理。

26. 安全切断阀常见的故障现象是什么？故障原因有哪些？如何处理？

故障现象：

(1) 切断后关闭不严。

(2) 动作不灵敏。

(3) 脱扣机构不上扣。

故障原因：

(1) 阀瓣密封垫溶胀老化，阀瓣密封垫面有污物。

(2) 传感器撞块位置未到位，脱扣臂相互之间的摩擦力过大。

(3) 气动薄膜腔内有压力，脱扣机构内弹簧损坏，手动关闭旋钮未恢复初始位置。

处理方法：

(1) 清理密封垫上的污物或更换密封垫片。

(2) 调整撞块位置，适当润滑减少摩擦。

(3) 通过检测口阀门排除空气，更换弹簧，恢复手动关闭旋钮。

27. 自力式调压器常见的故障现象是什么？故障原因有哪些？如何处理？

故障现象：

(1) 调压不正常。

（2）调节阀突然开大。

（3）调节阀突然关闭。

（4）调节阀振动。

（5）压力周期性波动。

（6）调压性能差。

（7）调节指挥阀，阀后压力降不下来或气开式调节阀关闭不严。

故障原因：

（1）指挥阀堵塞，指挥阀喷嘴及挡板变形、损伤、关闭不严，阀芯及阀座刺坏，调节阀杆变形或被污物卡塞。

（2）节流针阀堵塞或其导压管堵塞。

（3）指挥阀喷嘴堵塞、膜片破损，调节阀皮膜破损，指挥阀至针阀段导压管或接头漏气。

（4）启动时振动是操作过急或指挥阀开度与针阀开度配合不当，调节阀选得过大或过小。

（5）指挥阀弹簧太软。

（6）挡板与喷嘴不平行，指挥阀喷嘴螺纹漏气，调节阀杆被下膜盖内污物堵塞、增大摩擦，调节阀阀芯与阀座被刺坏。

（7）指挥阀挡板盖不住喷嘴，指挥阀弹簧太长，调节阀阀芯刺坏，阀杆、阀芯卡住，针阀关死或被堵。

处理方法：

（1）清洗指挥阀和调节阀，对已损坏零件进行修理或更换。

（2）解堵。

（3）清洗指挥阀、更换膜片，堵漏、解堵。

（4）平稳操作，节流针阀开度适当，更换调节阀。

（5）选择合适的弹簧进行更换。

（6）调整挡板与喷嘴，堵漏，清洗调节阀，更换阀芯或阀座。

（7）检查指挥阀，换弹簧，换阀芯，检查、修理阀杆、阀芯，检查、清洗节流针阀。

28. 立式分离器分离效果不好的故障原因是什么？如何处理？

故障原因：

（1）分离器选型不合理。

（2）分离器使用参数与设计参数不适应。

（3）分离器内污物较多。

（4）分离器分离元件损坏。

处理方法：

（1）根据分离污物情况选用合理的分离器。

（2）根据处理能力选择合适的分离器。

（3）定期排放污物。

（4）修理损坏的分离器元件。

29. 干式过滤器阀后压力变小，压损增大的故障原因是什么？如何处理？

故障原因：

（1）过滤器中杂质较多，堵塞滤芯。

（2）通过量超过过滤器允许处理量。

处理方法：

（1）排污，清洗过滤器滤芯。

（2）查明流量增大的原因，根据实际情况选择过滤器。

30. 干式过滤器滤芯过滤效果差的故障原因是什么？如何处理？

故障原因：

（1）滤芯破裂。

（2）滤芯端面密封失效。

处理方法：

（1）停用过滤器，离线检维修。

（2）更换滤芯、端面密封垫片。

31. 高级孔板阀常见的故障现象有哪些？故障原因有哪些？如何处理？

故障现象：

（1）开滑阀后导板提不到上阀腔。

（2）打开上阀腔放空阀有气流泄漏。

（3）密封圈损坏。

（4）导板安装不到位，滑阀关不上。

（5）齿轮轴断齿，无法提出导板。

故障原因：

（1）滑阀未全开，导板提升通道不畅通，导板齿轮槽与上阀腔提升轴齿轮处于错齿状态。

（2）滑阀未关闭到位，密封脂少或失效，平衡阀未关到位。

（3）装配孔板与密封圈时，损坏密封圈外圆面；将孔板及密封圈装入导板圆孔时，损坏密封圈外圆面；孔板与导板安装不到位，装入下阀腔过程中密封圈与阀体接触损坏密封圈外圆面。

（4）导板上下面装反，导板装入上阀腔操作时安装不正，导板未下到位。

(5) 导板齿轮槽与上阀腔提升轴处于错齿状态，操作过猛，孔板变形，密封圈损坏，污物沉积，导板齿条有脏物，导板安装不正。

处理方法：

(1) 全开滑阀，转动下阀腔提升轴，看见上阀腔提升轴转动时，再转动上阀腔提升轴，若上阀腔提升轴不动，可用工具转动上阀腔提升轴齿轮，再转动下阀腔提升轴，使导板齿轮槽与上阀腔提升轴齿轮正常啮合。

(2) 全关滑阀，滑阀每开关一次要注入一次密封脂，注脂时要在上阀腔完全泄压后进行，注意控制注脂速度，缓慢注脂，平衡阀关到位。

(3) 在装配密封圈时注意保护密封圈，不要与硬物碰撞，装入导板时注意方法，严禁用螺丝刀等工具强行装配，将孔板装配到位。

(4) 导板带凹槽的一端向下安装，导板必须水平且垂直放入，以保证齿轮的完全啮合。上下活动导板，使其完全进入下阀腔。

(5) 导板无法和上阀腔提升轴啮合时，应缓慢转动上阀腔提升轴齿轮，使导板齿轮槽与上阀腔提升轴齿轮正常啮合，在高级孔板阀上下腔完全泄压后，对管线内气体进行置换，拆卸高级孔板阀上阀体，扶正孔板，活动齿轮轴，取出导板，清除阀腔内及各部件上的沉积物。

32. 超声波流量计超声探头不工作的故障原因有哪些？如何处理？

故障原因：

(1) 压力超范围。

（2）探头故障。

处理方法：

（1）调整计量工作压力或更换合适的探头。

（2）按要求更换相同型号的新探头，并将新探头的标定参数输入到相应的程序系统中，记录新探头的系列号，检查各声道的声速测量值，其最大误差不超过0.2%，再计算出相同条件下的理论声速，二者之间误差应在超声流量计说明书规定的范围内。

33. 放空系统故障的现象是什么？故障原因有哪些？如何处理？

故障现象：

（1）放空管线腐蚀穿孔。

（2）放空管放空时抖动。

（3）点火器不能正常点火。

（4）误动作进行放空。

故障原因：

（1）放空管线内积水，气流冲刷管壁致减薄。

（2）放空管地锚松动，拉线未紧固。

（3）点火管、引火管、阻火器堵塞。

（4）ESD系统故障。

处理方法：

（1）清理放空管线内积水，定期检查放空管线腐蚀情况。

（2）重新打入地锚，张紧拉线。

（3）拆卸清洗点火器、引火管、阻火器。

（4）定期检查ESD紧急放空系统，定期检查安全放散阀。

第四部分 HSE 知识

一、HSE 基础知识

（一）名词解释

1. 危险物品： 易燃易爆物品、危险化学品、放射性物品等能够危及人身安全和财产安全的物品。

2. 重大危险源： 长期地或临时地生产、搬运、使用或储存危险物品，且危险物品的数量等于或超过临界量的单元（包括场所和设施）。

3. 安全生产工作机制： 生产经营单位负责、职工参与、政府监管、行业自律和社会监督。

4. 人为责任事故： 由于生产经营单位或从业人员在生产经营过程中违反法律、法规、国家标准或行业标准和规章制度、操作规程所出现的失误和疏忽而导致的事故。

5. 事故责任主体： 对发生生产安全事故负有责任的单位或人员。

6. 行政责任： 违反有关行政管理的法律、法规的规定，但尚未构成犯罪的违法行为所应承担的法律责任。

7. 刑事责任：责任主体实施刑事法律禁止的行为所应承担的法律后果。

8. 民事责任：责任主体违反安全生产法律规定造成民事损害，由人民法院依照民事法律强制进行民事赔偿的一种法律责任。

9. 从业人员人身安全保障：从业人员的工伤保险补偿和人身伤亡赔偿的法律保障。

10. 安全生产责任保险：是一种商业保险，主要帮助企业进行事故预防、风险控制和辅助管理，一旦发生生产安全事故，由第三方赔付等。

11. 职业病：企业、事业单位和个体经济组织等用人单位的劳动者在职业活动中，因接触粉尘、放射性物质和其他有毒、有害因素而引起的疾病。《中华人民共和国职业病防治法》所称的职业病，并不是泛指的职业病，而是由法律作出界定的职业病。

12. 道路：公路、城市道路和虽在单位管辖范围内但允许社会机动车通行的地方，包括广场、公共停车场等用于公众通行的场所。

13. 车辆：机动车和非机动车。机动车是指动力装置驱动或牵引，上道路行驶的供人员乘用或用于运送物品以及进行公车专项作业的轮式车辆。非机动车是指以人力或者畜力驱动，上道路行驶的交通工具，以及虽有动力装置驱动但设计最高时速、空车质量、外形尺寸符合有关国家标准的残疾人机动轮椅车、电动自行车等交通工具。

14. 交通事故：车辆在道路上因过错或意外造成的人身伤亡或者财产损失的事件。

15. 三管三必须：管行业必须管安全，管业务必须管安全，管生产经营必须管安全。

16. 四不放过：事故原因没查清不放过、事故责任者没有严肃处理不放过、事故责任者与应受教育者没受到教育不放过，防范措施没落实不放过。

17. 本质安全：通过设计等手段使生产设备或生产系统本身具有安全性，即使在误操作或发生故障的情况下也不会造成事故。

18. 安全生产许可：国家对矿山企业、建筑施工企业和危险化学品、烟花爆竹、民用爆炸物品生产企业实行安全生产许可制度。企业未取得安全生产许可证的，不得从事生产活动。

19. 安全生产：在社会生产活动中，通过人、机、物料、环境的和谐运作，使生产过程中潜在的各种事故风险和伤害因素始终处于有效控制状态，切实保护劳动者的生命安全和身体健康。

20. 安全生产管理：针对人们在生产过程中的安全问题，运用有效的资源，发挥人们的智慧，通过人们的努力，进行有关决策、计划、组织和控制等活动，实现生产过程中人与机器设备、物料、环境的和谐，达到安全生产的目标。

21. 危险：系统中存在导致发生不期望后果的可能性超过了人们的承受程度。

22. 目视化管理：通过安全色、标签、标牌等方式，明确人员的资质和身份、工器具和设备设施的使用状态，以及生产作业区域的危险状态的一种现场安全管理方法，它具有视觉化、透明化和界限化的特点。

23. VOCs：挥发性有机化合物（Volatile Organic Compounds) 的英文缩写。世界卫生组织的定义为熔点低于室温而沸点在 50 ～ 260℃之间的挥发性有机化合物的总称。

24. 噪声：物体的无规则振动产生的不悦耳的声音；泛指嘈杂、刺耳的声音。

25. 溶剂汽油：用作溶剂的汽油。溶剂汽油是由天然石油或人造石油经分馏而得的轻质产品。

26. 液化石油气（LPG）：由可燃轻质烃（如丙烷和丁烷）组成的压缩天然气，尤指石油炼制或天然汽油加工后的副产品。

27. 硫化氢：硫化氢是一种无机化合物，分子式为 H_2S，相对分子质量为 34.076，有腐烂臭味的无色气体，有毒。

28. 急救：任何意外或急病发生时，施救者在医护人员到达前，按医学护理的原则，利用现场适用物资临时及适当地为伤病者进行的初步救援及护理，然后从速送往医院。

29. 工伤：多指员工在为国家或集体生产劳动过程中受到的意外伤害。

30. 安全电压：不会使人直接致死或致残的电压，一般环境条件下允许持续接触的“安全特低电压”是 36V。

31. 安全距离：为了防止人体触及或接近带电体，防止车辆或其他物体碰撞或接近带电体等造成的危险，在其间所需保持的一定空间距离。

32. 防静电接地：防止静电对易燃油、天然气储蓄罐和管道等的危险作用而设的接地。

33. 危险源：可能导致人身伤害和（或）健康损害的根源、状态、行为或其组合。

34. 风险：某一特定危害事件发生的可能性和后果的组合。

35. 事故隐患：生产经营单位违反安全生产法律、法规、规章、标准、规程和安全生产管理制度的规定，或者因其他因素在生产经营活动中存在可能导致事故发生的物的危险状态、人的不安全行为和管理上的缺陷。按照集团公司隐患判定标准分为一般事故隐患、较大事故隐患和重大事故隐患。

36. 危险化学品：具有毒害、腐蚀、爆炸、燃烧、助燃等性质，对人体、设施、环境具有危害的剧毒化学品和其他化学品。

37. 四不伤害：不伤害自己、不伤害他人、不被他人伤害、保护他人不受伤害。

38. 燃烧：燃烧是物质与氧化剂之间的放热反应，它通常会同时释放出火焰或可见光。

39. 闪燃：在一定温度下，易燃、可燃液体表面的蒸气和空气的混合气体与火焰接触时，能闪出火花，但随即熄灭，这种瞬间燃烧的过程称为闪燃。

40. 自燃：可燃物质在没有外部明火焰等火源的作用下，因受热或自身发热并蓄热所产生的自行燃烧的现象。

41. 阴燃：只冒烟没有火焰的缓慢燃烧现象。

42. 火灾：在时间或空间上失去控制的燃烧所造成的灾害。

43. 爆炸：物质在瞬间突然发生物理或化学变化，同时释放出大量气体和能量（光能、热能和机械能）并伴有巨大声音的现象。

44. 静电：由于物体与物体之间的紧密接触和分离，或者相互摩擦，发生了电荷转移，破坏了物体原子中的正负电荷的平衡而产生的电。

45. 触电：常指人体直接触及电源或高压电经过空气或

其他导电介质传递电流，通过人体时引起的组织损伤和功能障碍。

46. 跨步电压触电：电气设备绝缘损坏或当输电线路一根导线断线接地时，在导线周围的地面上，由于两脚之间的电位差所形成的触电。

47. 保护接零：把电工设备的金属外壳和电网的零线可靠连接，以保护人身安全的一种用电安全措施。

48. 保护接地：在正常情况下不带电，而在绝缘材料损坏后或其他情况下可能带电的电器金属部分（即与带电部分相绝缘的金属结构部分）用导线与接地体可靠连接起来的一种保护接线方式。

49. 动火作业：在具有火灾、爆炸危险性的生产或施工作业区域内，以及可燃气体浓度达到爆炸下限10%以上的生产或施工作业区域内可能直接或间接产生火焰、火花或者炽热表面的非常规作业。

50. 高处作业：在坠落高度基准面2m及2m以上有可能坠落的高处进行的作业。

51. 受限空间作业：进入各类罐、炉膛、锅筒、管道、容器、阀井、排污池以及深度超过1.2m的坑、堤等进出受到限制和约束的封闭、半封闭空间、设备、设施的操作和检维修作业，且有中毒、窒息、火灾、爆炸、坍塌、触电等危害的空间或场所的作业。

52. 挖掘作业：使用人工或推土机、挖掘机等施工机械，通过移除泥土形成沟、槽、坑或凹地的挖土、打桩、地锚入土深度在0.5m以上的作业；建筑物墙壁开槽打眼，造成某些部分失去支撑的作业；在铁路路基2m内的挖掘作业。

53. 临时用电作业：临时性使用（不超过 6 个月）380V 及以下的非标准配置低压电力系统作业。非标准配置的临时用电线路，是指除有插头、连线、插座的专用接线排和接线盘之外的临时性电气线路，包括电缆、电线、电气开关、设备等。

54. 管线打开作业：采取下列方式（包括但不限于）改变封闭管线或设备及其附件的完整性，如解开法兰；从法兰上去掉一个或多个螺栓；打开阀盖或拆除阀门；调换 8 字盲板；打开管线连接件；去掉盲板、盲法兰、堵头和管帽；断开仪表、润滑、控制系统管线，如引压管、润滑油管等；断开加料和卸料临时管线（包括任何连接方式的软管）；用机械方法或其他方法穿透管线；开启检查孔；微小调整（如更换阀门填料）；其他。管线打开可能造成危险介质在打开处泄漏，发生火灾、爆炸、物体打击、灼烫、中毒和窒息等事故。

55. 移动式起重吊装作业：是一种指自行式起重机，包括履带起重机、汽车起重机、轮胎起重机等，不包括桥式起重机、龙门式起重机、固定式桅杆起重机、悬挂式伸臂起重机以及额定起重量不超过 1t 的起重机。

56. 工业“三废”：工业生产活动中产生的废气、废水、固体废弃物的总称。

57. 防爆工具：通常为铜合金制成的工具，工具和物体摩擦或撞击时不会产生火花。

58. 个人防护用品：从业人员为防御物理、化学、生物等外界因素伤害所穿戴、配备和使用的各种防护用品的总称。

59. 安全帽：对人体受外力伤害起防护作用的帽子，由帽壳、帽衬、下颌带和后箍等部件组成。

60. 阻燃防护服：在接触火焰及炽热物体后能阻止本身被点燃、有焰燃烧和阴燃燃烧的防护服。

61. 自给式空气呼吸器：使用者自携储存空气的储气瓶，呼吸时不依赖环境空气的一种呼吸器。

62. 安全带：高处作业人员预防坠落伤亡的个人防护用品，由安全绳、吊绳、自锁钩等部件组成。

（二）问答

1.《中华人民共和国安全生产法》的立法目的是什么？

目的是加强安全生产工作，防止和减少安全生产事故，保障人民群众生命和财产安全，促进经济社会持续健康发展。

2. 双重预防机制包含哪两个部分？

双重预防机制包含生产安全风险分级防控和隐患排查治理两个部分。

3. 安全生产方针是什么？

安全第一、预防为主、综合治理。

4.《中华人民共和国安全生产法》着重对事故预防做出规定，主要体现在哪“六先”？

安全意识在先；安全投入在先；安全责任在先；建章立制在先；事故预防在先；监督执法在先。

5. 刑事责任与行政责任的区别是什么？

一是责任内容不同，负刑事责任的行为要比负行政责任的行为社会危害性更大；二是行为人是否承担刑事责任，只能由司法机关依照刑事诉讼程序决定；三是负刑事责任的责任主体常被处以刑罚。

6. 工伤保险和民事赔偿的区别是什么？

工伤保险是以抚恤、安置和补偿受害者为目的的补偿性措施。民事赔偿是以民事损害为前提，以追究生产经营单位民事责任为目的，对受害者给予经济赔偿的惩罚性措施。

7. 从业人员的安全生产义务有哪些？

（1）遵章守规，服从管理的义务。（2）正确佩戴和使用劳动防护用品的义务。（3）接受安全培训，掌握安全生产技能的义务。（4）发现事故隐患或其他不安全因素及时报告的义务。

8. 从业人员的人身保障权利有哪些？

（1）获得安全保障、工伤保险和民事赔偿的权利。（2）得知危险因素、防范措施和事故应急措施的权利。（3）对本单位安全生产的批评、检举和控告的权利。（4）拒绝违章指挥和强令冒险作业的权利。（5）紧急情况下的停止作业和紧急撤离的权利。

9.《中华人民共和国安全生产法》对生产经营单位发生事故后的报告和处置规定是什么？

生产经营单位发生生产安全事故后，事故现场有关人员应当立即报告本单位负责人。单位负责人接到事故报告后，应当迅速采取有效措施，组织抢救，防止事故扩大，减少人员伤亡和财产损失，并按照国家有关规定立即如实报告当地负有安全生产监督管理职责的部门，不得隐瞒不报、谎报或迟报，不得故意破坏事故现场，毁灭有关证据。

10. 追究安全生产违法行为的3种法律责任的形式是什么？

追究安全生产违法行为的3种法律责任的形式是行政责任、民事责任和刑事责任。

11. 机动车同车道行驶规定是什么？

同车道行驶的机动车，后车应当与前车保持足以采取紧急制动措施的安全距离。

有前车正在左转弯、掉头、超出，与对面来车有会车可能，前车为紧急执行任务的警车、消防车、救护车、工程抢险车，行经铁道路口、交叉路口、窄桥、弯道、陡坡、隧道、人行横道、市区交通流量大的路段等没有超车条件的情况下，不得超车。

12.《中华人民共和国劳动法》赋予劳动者的权利有哪些？

劳动者享有平等就业和选择职业的权利、取得劳动报酬的权利、休息休假的权利、获得劳动安全卫生保护的权利、接收职业技能培训的权利、享受社会保险和福利的权利、提请劳动争议处理的权利以及法律规定的其他劳动权利。

13.《中华人民共和国劳动法》规定劳动者需要履行哪些义务？

（1）劳动者应当完成劳动任务。（2）劳动者应当提高职业技能。（3）劳动者应当执行劳动安全卫生规程。（4）劳动者应当遵守劳动纪律和职业道德。

14.《中华人民共和国劳动法》对女职工有哪些保护规定？

（1）禁止用人单位安排女工从事矿山井下、国家规定的第四级体力劳动强度的劳动和其他禁忌从事的劳动。（2）禁止用人单位安排女职工在经期从事高处、低温、冷水作业和国家规定的第三级体力劳动强度的劳动。（3）禁止用人单位安排女职工在怀孕期间从事国家规定的第三级体力劳动强度的劳动和孕期禁忌从事的活动。对怀孕 7 个月以上的职工，不得安排其延长工作时间和夜班劳动。（4）禁止用人单位安排女职工在哺乳未满 1 周岁婴儿期间从事国家规定的第三级体力劳动强度的劳动和哺乳禁忌从事的其他劳动，不得延长其工作时间和安排夜班劳动。

15. 职业病防治的基本方针是什么？

预防为主，防治结合。

16. 消防安全“一懂三会”是什么？

懂得所在场所火灾危险性，会报警、会逃生、会扑救初起火灾。

17. 非机动车通行规定是什么？

非机动车应当在非机动车道内行驶；在没有非机动车道的道路上，应当靠车行道的右侧行驶。残疾人机动轮椅车、电动自行车在非机动车道内行驶时，最高时速不得超过 15km。非机动车应当在规定的地点停放；未设停放点的，非机动车停放不得妨碍其他车辆和行人通行。

18. 班组级岗前安全培训内容有哪些？

岗位安全操作规程；岗位之间工作衔接配合的安全与职业卫生事项；有关事故案例；其他需要培训的内容。

19. 国家规定了哪四类安全标志？

国家规定的四类安全标志有禁止标志、警告标志、指令标志、提示标志。

20. 危险作业有哪几种？

进入受限空间作业、挖掘作业、高处作业、移动式起重机吊装作业、管线打开作业、临时用电作业和动火作业等。

21. 高处作业时作业人员的安全职责有哪些内容？

（1）持有经审批有效的高处作业许可证进行高处作业。

（2）了解作业的内容、地点、时间及要求，熟知作业过程中的危害及控制措施，并严格按照许可证规定的内容进行作业。

（3）在安全措施未落实时，有权拒绝作业。

（4）作业过程中如发现情况异常或感到身体不适，应告知作业负责人，并迅速撤离现场。

22. 进入受限空间作业时作业人员的安全职责有哪些内容？

（1）在进入受限空间作业前确认作业区域、内容和时间。

（2）进入受限空间作业前，参加工作前安全分析，清楚作业安全风险和安全措施。

（3）进入受限空间作业过程中，执行进入受限空间作业许可证及操作规程的相关要求。

（4）服从作业监护人和属地监督的监管；作业监护人不在现场时，不得作业。

（5）发现异常情况有权停止作业，并立即报告；有权拒绝违章指挥和强令冒险作业。

（6）进入受限空间作业结束后，负责清理作业现场，确保现场无安全隐患。

23. 进入受限空间作业时作业监护人的安全职责有哪些内容？

（1）对进入受限空间作业实施全过程现场监护。

（2）熟悉进入受限空间作业区域、部位状况、工作任务和存在风险。

（3）检查确认作业现场安全措施的落实情况，以及作业人员资质和现场设备的符合性。

（4）保证进入受限空间作业过程满足安全要求，有权纠正或制止违章行为。

（5）负责进、出受限空间人员登记，掌握作业人员情况并保持有效沟通。

（6）发现人员、工艺、设备或环境安全条件变化等异常情况，以及现场不具备安全作业条件时，及时要求停止作业并立即向现场负责人报告。

（7）熟悉紧急情况下的应急处置程序和救援措施，熟练使用相关消防设备、救护工具等应急器材，可进行紧急情况下的初期处置。

24. 动火作业过程中有哪些注意事项？

（1）动火作业前应清除距动火点周围5m之内及动火点下方的可燃物质或者用阻燃物品隔离。（2）距离动火点10m范围内及动火点下方，严禁同时进行可燃溶剂清洗或者喷漆等作业。（3）距动火点15m区域内的漏斗、排水口、各类井口、排气管、地沟等应封严盖实，严禁排放可燃液体，严禁有其他可燃物泄漏。（4）距动火点30m内严禁排放可燃气体，严禁有液态烃或者低闪点油品泄漏。（5）动火作业区域应设置灭火器材和警戒。（6）动火作业开始前30min内，作业单位应对作业区域或者动火点可燃气体浓度进行检测分析，合格后方可动火。（7）应根据作业施工方案中规定的气体检测时间、位置和频次进行检测，间隔不应超过2h。

25. 高处作业过程中有哪些注意事项？

（1）作业人员应按规定系用与作业内容相适应的安全带。安全带应高挂低用，不得系挂在移动、不牢固的物件上或有尖锐棱角的部位，系挂后应检查安全带扣环是否扣牢。（2）高处作业所用的工具应随手放入工具袋，不得随意放置或向下丢弃，传递物料时不得抛掷。（3）高处作业过程中，作业监护人应对高处作业实施全过程现场监护，作业点下方应设安全警戒区，并有明显警戒标志。（4）禁止踏在梯子顶端作业，同一架梯子只允许一个人在上面作业，不准带人移动梯子。

26. 进入受限空间作业过程中有哪些注意事项？

（1）进入受限空间作业前应按照作业许可证或作业施工方案的要求进行气体检测，作业过程中应进行气体监测。（2）作业人员在进入受限空间作业期间应采取适宜的安全防护措施，必要时应佩戴有效的个人防护装备。（3）受限空间外醒目处要设置警戒线或警戒标志，未经许可不得进入受限空间。（4）气体分析合格前或非作业期间，受限空间入口应采取封闭措施，并挂警示牌，不得私自进入。（5）发生事故或紧急情况，现场作业人员不应盲目施救。

27. 挖掘作业过程中有哪些注意事项？

（1）作业场所不具备设置安全通道条件时，应设置逃生梯。（2）在基坑（槽）、管沟边沿 1m 范围内不应放置土石、材料。基坑（槽）、管沟边沿堆土高度不得超过 1.5m。（3）作业周边应设置隔离防护设施及安全警示标识。（4）地下电缆、管线等地下设施两侧 2m 范围内应采用人工开挖。

28. 临时用电作业过程中有哪些注意事项？

（1）电工应持有效证件上岗操作。（2）使用电气设备前应检查电气装置和保护设施，严禁设备带缺陷运转。（3）暂时停用设备的开关箱应分断电源隔离开关，并关门上锁。（4）临时用电配电箱及开关箱内的控制开关应安装漏电保护器，在每次使用之前应利用试验按钮进行测试。（5）配电箱（盘）应保持整洁、接地良好。（6）所有的临时配电箱应标上电压标识和危险标识，在其安装区域内应在前方 1m 处用黄色油漆、警示带等做警示。（7）配电箱（盘）、开关箱应设置端正、牢固。（8）移动工具、手持工具等用电设备应有各自的电源开关，应实行“一机一闸一保护”，严禁两台或两台以上用电设备（含插座）使用同一开关。

29. 管线打开作业过程中有哪些注意事项？

（1）管线打开前必须泄压彻底，并根据介质危害特性及打开后可能的危害程度选择采取清洗、置换、吹扫、降温、检测、个体防护等风险削减措施。（2）管线打开作业时应选择和使用合适的个人防护装备。（3）在可能产生易燃易爆、有毒有害气体的环境中应进行气体检测。

30. 移动式起重吊装作业过程中有哪些注意事项？

（1）在进行吊装作业时，必须明确指挥人员。（2）任何人员不得在吊物下工作、站立、行走，不得随同吊物或起重机械升降。（3）任何情况下，严禁汽车起重机带载行走。（4）操作中起重机应处于水平状态。对于易摆动的工件，应拴溜绳控制，禁止将溜绳缠绕在身体的任何部位。（5）吊装作业区域外沿应设置警戒，保证工作区域内没有无关人员。

31. 什么是关键性吊装作业？

符合下列条件之一的，应视为关键性吊装作业，实行升级管理：

（1）货物载荷超过额定起重能力的75%。

（2）货物需要一台以上的起重机联合起吊的。

（3）吊臂和货物与管线、设备或输电线路的距离小于规定的安全距离。

（4）吊臂越过障碍物起吊，操作员无法目视且依靠指挥信号操作。

32. 危险作业前应完成哪些准备工作？

完成人员资质和施工机具的检查；完成作业施工方案（三级以上危险作业）；完成安全技术交底；完成作业前安全分析；完成许可证现场签批 。

33. 工业企业的噪声排放标准是什么？

工业企业的生产车间和作业场所的工作地点的噪声标准为85dB。

34. 如何正确使用便携式可燃气体检测仪？

（1）使用仪器之前，必须保证其电量充足，避免使用过程中因电量不足而自动关机。

（2）长按电源/确认键数秒，等待气体检测仪开机，并确保其读数稳定。

（3）佩戴好相应的防护措施后，将四合一气体检测仪手持或使用背夹固定在腰带上，然后进入检测区域进行检测。

（4）站到待检阀组的上风口，打开可燃气体检测仪，将检测仪调整至“0”挡。

（5）将探头靠近被检处，观察检测仪报警灯变化。

（6）检查所有法兰、阀门压盖、压力表接头、焊口等，如检测仪报警灯闪烁变化及报警声变化确认为漏点，报警声越急促说明渗漏量越大。

（7）检查完毕，做好记录，关闭可燃气体检测仪。

35. 如何正确佩戴空气呼吸器？

（1）打开空气呼吸器箱盖，将高压气瓶拿出。

（2）逆时针打开气瓶底部红色阀门，检查气瓶压力是否在27MPa。

（3）关闭气瓶阀门，检查气瓶气密性，30s内压降不大于1MPa；按下呼吸器供气阀黄色按钮，检查气瓶报警压力是否在6MPa，并伴随有哨笛声。

（4）将气瓶背好，并将气瓶压力表及呼吸器供气阀放至胸前，拉紧肩带、腰带，保证气瓶在身后不摆动。

（5）将呼吸面具佩戴好，并拉紧头部上方、两侧太阳穴及颌部两侧头带，用手堵住呼吸面具接口，检查气密性。

（6）打开气瓶阀门，将气瓶呼吸器供气阀与呼吸面具连接（连接时注意头部上仰，同时右手按住呼吸器供气阀两侧黄色按钮，左手扶住呼吸面具接口，顺势将呼吸器供气阀接口插入呼吸面具），即可进行呼吸。

（7）操作完毕后，将呼吸器供气阀与面具分离，关闭气瓶阀门，放开呼吸面具头带，脱下呼吸面具，松开气瓶腰带及肩带，卸下气瓶。

36. 如何正确穿戴隔热服？

（1）使用前检查。使用前应该仔细检查隔热服表层各部分是否完好无损，内层隔热层和舒适层是否整齐。

（2）穿着顺序：耐高温裤子、耐高温鞋罩、耐高温上衣、耐高温头罩、耐高温手套，隔热服穿好后仔细检查各部位大小是否合适，能否完整的覆盖暴露部位，各部位锁扣是否扣紧。

（3）穿着耐高温裤子。耐高温裤子款式跟普通背带裤类似，穿上以后整理到合适位置，交叉扣好背带扣即可。穿上以后应检查裤长是否合适，是否影响正常操作。

（4）穿着耐高温鞋罩。穿好耐高温裤子后，分别将两只鞋罩套在鞋上固定后面的系带或粘扣，调整鞋罩的位置使其完整的覆盖脚面。注意：一定要把鞋罩的筒塞到裤腿内侧，以防止火花飞溅和热熔飞溅顺着耐高温鞋筒掉进鞋内。

（5）穿着耐高温上衣。上衣穿着比较简单，穿上后整理一下两只袖子到合适位置，扣好扣子或粘扣即可。

（6）穿着耐高温头罩。穿好上衣以后戴上耐高温头罩，调整面屏至合适位置，扣上固定卡扣，调整前后突出位置，使其完全遮盖住上衣的衣领部位，防止高温飞溅顺衣领掉进隔热服内。

（7）佩戴耐高温手套。耐高温手套佩戴也比较简单，但是要注意，如果是抬高胳膊工作，那就需要将手套的筒套到上衣的袖子上面，如果是低头工作就应该把上衣袖口套在耐高温手套外层。这样做的目的也是防止高温飞溅进到手套筒内或袖口内对使用者造成伤害。

37. 电气事故及危害有哪些？

常见的电气事故包括电流伤害、电磁场伤害、雷电事故、静电事故和电路故障。

（1）电流伤害：人体直接或间接触及带电体所受到的伤害。电流直接通过人体造成内部伤害的触电称为电击，电流的热效应、化学效应及机械效应对人体外部造成的局部伤害称为电伤。

（2）电磁场伤害：人体在电磁场作用下，吸收辐射能量而受到的不同程度的伤害。电磁场伤害可能引起中枢神经系统功能失调，表现为神经衰弱综合征，如头痛、头晕、乏力、睡眠失调，记忆力减退等，还对心血管的正常工作有一定影响。

（3）雷电事故：雷电导致的高电压、高电流及高温对建筑、设备及人体造成的事故。雷击可能造成建筑物设施毁坏，伤及人畜，也可能引起易燃易爆物品的火灾和爆炸。

（4）静电事故：在生产过程中产生的有害静电导致的事故，如石油、化工、橡胶行业，静电放电能引起爆炸性混合物发生爆炸。

（5）电路故障：电能在传递、分配、转换过程中，由于失去控制而造成的事故。电路和设备故障不但威胁人身安全，也会严重损坏电气设备。

38. 触电防护技术有哪些？

触电防护技术包括防直接触电技术和防间接触电技术。

（1）防直接触电技术。

① 绝缘：用绝缘材料将导体包裹起来，使带电体与带电体之间或带电体与其他导体之间实现电气上的隔离，使电流沿着导体按规定的路径流动。确保电气设备和线路正常工作，防止人体触及带电体发生触电事故。

② 屏护：采用屏护装置控制不安全因素，即采用遮栏、护罩、护盖、栅栏、保护网、围墙等将带电体与外界隔离，防止直接接触触电。

③ 间距：为防止车辆或人员过分接近带电体造成事故，一级为了防止火灾、过电压放电和各种短路事故，在带电体和地面之间、带电体和其他设备之间、带电体和带电体之间保持一定的安全距离。安全距离的大小取决于电压的高低、设备的类型、安装的方式等因素。

④ 使用绝缘安全工具：包括绝缘杆、绝缘夹钳、绝缘靴、绝缘手套、绝缘垫和绝缘站台。

（2）防间接触电技术。

① 保护接地：将故障情况下可能呈现危险电压的电气设备的金属外壳、配电装置的金属构架等外露导体与接地装置相连，利用接地装置足够小的接地电阻值，降低故障设备外壳可导电部分对地电压，减小人体触及时流过人体的电流，达到防止电击的目的。

② 保护接零：将电气设备在正常情况下不带电的金属部分与电网的零线做电气连接。

39. 电气火灾灭火方法有哪几种？

（1）隔离法：使燃烧物和未燃烧物隔离，从而限制火灾范围。（2）窒息法：减少燃烧区的氧气，使燃烧逐渐熄灭。（3）冷却法：降低燃烧物的温度至燃点以下。（4）抑制法：中断燃烧的连锁反应。

40. 电火花是如何形成的？

电火花是电极间击穿放电而成，分为工作火花和事故火花。

（1）工作火花：电气设备正常工作时或正常操作过程中产生的火花，如直流电动机电刷与整流子滑动接触处、交流电动机电刷与滑环接触处的电刷后方的微小火花等。

（2）事故火花：电气线路或设备发生故障时出现的火花，如发生短路、漏电时出现的火花；绝缘表面积聚污秽、受潮后出现闪络等。

41. 乙二醇的危险特性有哪些？

（1）乙二醇液体可燃，蒸气与空气混合能形成爆炸性混合物，遇明火、高热能引起爆炸。（2）乙二醇对呼吸道和皮肤有刺激作用，短期暴露及吸入后刺激咽喉。（3）接触高浓度乙二醇可使眼睛红肿，视觉模糊。（4）食入乙二醇后会使视神经系统、心脏、肺和肾脏中毒，引起恶心、呕吐，长期刺激会引起神经受损、眼球持续转动、无知觉。

42. 硫化氢的危险特性有哪些？

（1）硫化氢是一种可燃气体，与空气混合燃烧，生成二氧化硫和水，并产生热量，在空气中体积浓度达到4.3%～46%时会引起爆炸着火。（2）硫化氢是一种神经毒剂，也为窒息性和刺激性气体。其毒性作用主要是中枢神经系统和呼吸系统，人体吸入硫化氢可引起急性中毒和慢性损害。(3) 轻度中毒时，表现为畏光、流泪、眼刺痛、异物感、流涕、鼻及咽喉灼热感等症状，并有头昏、头痛、乏力，检查可见眼结膜充血等。(4) 中度中毒为立即出现头昏、头痛、乏力、恶心、呕吐、走路不稳，可有短暂意识障碍等。(5) 重度中毒时表现为头晕、心悸、呼吸困难、行动迟钝，继而出现烦躁、意识模糊、呕吐、腹泻、腹痛和抽搐，迅速进入昏迷状态，最后可因呼吸麻痹而死亡。(6) 在硫化氢极高浓度（1000mg/m^{3}以上）条件时，人员可在数秒钟内突然昏迷、呼吸骤停，继而心跳骤停，发生闪电型死亡。

43. 一氧化碳的危险特性有哪些？

(1) 一氧化碳是一种易燃、易爆、有毒的气体。(2) 轻度中毒者可出现剧烈的头痛、头昏、心跳、眼花、四肢无力、恶心、呕吐、烦躁、步态不稳、意识障碍。(3) 中度中毒者除上述症状外，面色潮红、多汗、脉快、意识障碍表现为浅至中度昏迷。(4) 重度中毒时，意识障碍严重，呈深度昏迷或植物状态。

44. 四氢噻吩的危险特性有哪些？

四氢噻吩是一种有机化合物，化学式为 C_4H_8S，主要用作城市煤气、石油液化气、天然液化气等燃料气体的加臭剂，也可用作医药和农药原料。其危险特性包括：(1) 高度易燃，遇高热、明火及强氧化剂易引起燃烧。(2) 具有麻醉作用。小鼠吸入中毒时，出现运动性兴奋、共济失调、麻醉，最后死亡。慢性中毒实验中，小鼠表现为行为异常、体重增长停顿及肝功能改变。对皮肤有弱刺激性。

45. 危化品燃烧爆炸事故的危害有什么？

(1) 高温的破坏作用。

正在运行的燃烧设备或高温的化工设备被破坏时，其灼热的碎片可能飞出，点燃附近储存的燃料或其他可燃物，引起火灾。此外，高温辐射还可能使附近人受到严重灼烫伤害甚至死亡。

（2）爆炸的破坏作用。

① 碎片的破坏作用：机械设备、装置、容器等爆炸后产生许多碎片，飞出后会在相当大的范围内造成危害。一般碎片飞散范围在100～500m。

② 冲击波的破坏作用：冲击波的传播速度极快，在传播过程中，可以对周围环境中的机械设备和建筑物产生破坏作用，使人员伤亡。冲击波还可以在作用区域内产生震荡作用，使物体因震荡而松散，甚至破坏。当冲击波大面积作用于建筑物时，波阵面超压在20～30kPa内，就足以使大部分砖木结构建筑物受到严重破坏。超压在100kPa以上时，除坚固的钢筋混凝土建筑外，其余部分将全部破坏。

（3）造成中毒和环境污染。

实际生产中，许多物质不仅是可燃的，而且是有毒的，发生爆炸事故时，会使大量有毒物质外泄，造成人员中毒和环境污染。此外，有毒物质本身毒性不强，但燃烧过程中可能释放出大量有毒气体和烟雾，造成人员中毒和环境污染。

46. 危化品有哪些危害？应如何防护？

（1）危化品的危害。

① 中毒：毒物进入人体后，损害人体某些组织和器官的生理功能或组织结构，从而引起一系列症状体征，称为中毒。危险化学品中毒现场急主要是除毒，减轻毒物对中毒者的进一步伤害。

② 窒息：由于外伤、溺水、烟熏、火燎、土埋、密室缺氧以及异物吸入等原因，引起声门突然紧闭，气管及肺内

空气不能外溢，使肺内压力急剧升高，氧气不能进入人体，造成重要器官及全身缺氧综合征。

③ 化学灼伤：化工生产中的常见急症，是化学物质对皮肤、黏膜刺激、腐蚀及化学反应热引起的急性损害。按临床分类有体表（皮肤）化学灼伤、呼吸道化学灼伤、消化道化学灼伤、眼化学灼伤。常见的致伤物有酸、碱、酚类、黄磷等。某些化学物质在致伤的同时可经皮肤、黏膜吸收引起中毒，如黄磷灼伤、酚灼伤、氯乙酸灼伤，甚至引起死亡。

④ 烧伤：热力、电流、化学物质、激光、放射线等作用于人体所造成的损伤。

⑤ 冻伤：人体在严寒条件下暴露时间过长，或突然遭受寒冷袭击，身体散热大于产热，致使肌体局部缺血，或体温下降，引起一系列的生理变化。

（2）防护措施。

① 防燃烧、爆炸系统的形成：替代、密闭、惰性气体保护、通风置换、安全监测联锁。

② 消除点火源：引发事故的点火源有明火、高温表面、冲击、摩擦、自燃、发热、电气火花、静电火花、化学反应热、光线照射等。具体的做法有：控制明火和高温表面；防止摩擦和撞击产生火花；火灾爆炸危险场所采用防爆电气设备避免电气火花。

③ 火灾、爆炸蔓延扩散的措施：限制火灾、爆炸蔓延扩散的措施包括阻火装置、防爆泄压装置及防火防爆分离等。

47. 中国石油与天然气集团有限公司反违章六条禁令的内容是什么？

（1）严禁特种作业无有效操作证人员上岗操作。

（2）严禁违反操作规程操作。

（3）严禁无票证从事危险作业。

（4）严禁脱岗、睡岗和酒后上岗。

（5）严禁违反规定运输易爆物品、放射源和危险化学品。

（6）严禁违章指挥、强令他人违章作业。

员工违反上述禁令，给予行政处分，造成事故的，解除劳动合同。

48. 危险化学品事故类型主要有哪些？

（1）火灾事故。

（2）爆炸事故。

（3）灼烫事故。

（4）中毒和窒息事故。

49. 天然气的危险特性有哪些？

（1）燃烧性。

天然气接触火源能够产生剧烈的燃烧，并出现火焰，具有燃烧速度快、放出热量多、火焰温度高、辐射热强的特点。

（2）爆炸性。

天然气与空气混合，浓度达到一定范围时形成爆炸性混合物，一旦遇火源即发生燃烧或爆炸。天然气在空气中的爆炸极限为 5% ～ 15%。

（3）毒性。

天然气的毒性因其化学组成的不同而异，以甲烷为主者仅导致窒息。如含有 H_2S、CO 等气体时，则毒性依其含量而有不同程度的增加。长期接触天然气者，可能出现神经衰弱综合征。

（4）腐蚀性

天然气中 H_2S、CO、CO_2 等组分不仅腐蚀设备、降低设备耐压强度，严重时可导致设备裂隙、漏气，遇火源引起燃烧或爆炸。

50. 甲烷的危险特性有哪些？

（1）燃烧性与爆炸性。

甲烷为易燃气体，与空气混合能形成爆炸性混合物，遇热源或明火有燃烧爆炸的危险，甲烷爆炸极限的实验值为5% ～ 15%。一般作用甲烷在混合气中的体积分数表示，爆炸极限为 4.9% ～ 16%（低于下限不燃烧，高于上限安静燃烧），最剧烈爆炸浓度约为 9.5%。

（2）窒息。

甲烷对人基本无毒，但浓度过高时，使空气中氧含量明显降低，使人窒息。

51. 轻烃的危险特性有哪些？

轻烃具有燃烧性与爆炸性。轻烃易燃易蒸发，其蒸气与空气可形成爆炸性混合物，遇明火、高热或与氧化剂接触，有引起燃烧爆炸的危险。与氧化剂接触猛烈反应。其蒸气比空气重，能在较低处扩散到相当远的地方，遇火源会着火回燃。

52. 氨的危险特性有哪些？

（1）燃烧性与爆炸性。

氨与空气混合能形成爆炸性混合物，遇明火、高热能引起燃烧爆炸，其爆炸极限为 15.7% ～ 27.4%。

（2）毒性。

急性氨中毒主要表现为呼吸道黏膜刺激和灼伤。个别病人吸入极浓的氨气可发生呼吸心跳停止。氨对眼和潮湿的皮肤能迅速产生刺激作用，潮湿的皮肤或眼睛接触高浓度的氨气能引起严重的化学烧伤。

53. 丙烷的危险特性有哪些？

（1）燃烧性与爆炸性。

丙烷为易燃气体，与空气混合能形成爆炸性混合物，遇热源和明火有燃烧爆炸的危险，其爆炸极限为2.1%～9.5%。

（2）毒性。

丙烷具有单纯性窒息及麻醉作用。

54. 甲醇的危险特性有哪些？

（1）燃烧性与爆炸性。

甲醇易燃，其蒸气与空气可形成爆炸性混合物，遇明火、高热能引起燃烧爆炸，爆炸极限为6%～36.5%。

（2）毒性。

甲醇对中枢神经系统有麻醉作用；对视神经和视网膜有特殊选择作用，引起病变；可导致代谢性酸中毒。甲醇急性中毒症状有：头疼、恶心、胃痛、疲倦、视力模糊以至失明，继而呼吸困难，最终导致呼吸中枢麻痹而死亡。慢性中毒反应为：眩晕、昏睡、头痛、耳鸣、视力减退、消化障碍。

55. 原油的危险特性有哪些？

（1）燃烧性。

原油的组分主要是可燃性有机物质，其闪点通常为−6.67～32.22℃。原油的易燃性是以其闪点来划分的，闪点越低，越易燃烧，燃烧速度越快，火灾危险性越大。

（2）爆炸性。

原油易蒸发，当原油蒸气与空气混合，达到爆炸极限时，遇到点火源即可发生爆炸。原油蒸气在空气中的爆炸极限为 1.1% ～ 8.7%。

（3）毒性。

原油中芳烃和一些不饱和烃对人体神经系统具有麻醉作用。原油遇热能分解释放出有毒烟雾，吸入大量蒸气可引起神经症状。

56. 根据燃烧物及燃烧特性不同，火灾可分为哪几类？

（1）A 类火灾：指固体物质燃烧的火灾。

（2）B 类火灾：指液体火灾和可熔化的固体物质燃烧的火灾。

（3）C 类火灾：指可燃性气体燃烧的火灾。

（4）D 类火灾：指金属燃烧的火灾。

（5）E 类火灾：指物体带电燃烧的火灾。

（6）F 类火灾：指烹饪器具内烹饪物火灾。

57. 石油火灾的特性有哪些？

（1）爆炸的危险性大。

（2）火焰温度高，辐射强。

（3）易形成大面积火灾。

（4）具有复燃爆燃特性。

（5）会产生沸溢和喷溅现象。

58. 火灾处置的“五个第一时间”是什么？

第一时间发现火情、第一时间报警、第一时间扑救初期火灾、第一时间启动消防设施、第一时间组织人员疏散。

59. 发生火灾如何报警？

发生火灾后，要立即拨打 119 火警电话，讲清失火单位的详细地址（位置）及报警人的单位、姓名，并说明燃烧介质和火势。报警后要派人到主要路口接应，引导消防车到达火场。

60. 扑救火灾的方法有哪几种?

扑救火灾的方法有四种。

(1) 隔离法，将可燃物与火隔离。

(2) 窒息法，将可燃物与空气隔绝。

(3) 冷却法，降低燃烧物的温度。

(4) 抑制法，用灭火剂参与燃烧的连锁反应，从而使燃烧停止。

61. 防火四项基本措施是什么?

防火四项基本措施是控制可燃物、隔绝空气、消除火源、阻止火势蔓延。

62. 身上着火如何自救?

(1) 立即脱去衣帽，如果来不及可把衣服撕开扔掉。

(2) 卧倒在地上打滚，把身上的火苗压灭。

(3) 若附近有池塘、水池、小河等，可直接跳入水中。但身体已被烧伤，且烧伤面积很大时，不宜跳水，以防感染。

63. 接触轻烃后如何处理?

(1) 当皮肤接触到轻烃时，应脱去被污染的衣物，用肥皂水和清水彻底冲洗皮肤。

(2) 当眼睛接触到轻烃时，应提起眼睑，用流动的清水或生理盐水冲洗。

(3) 如果吸入大量轻烃挥发气，应转移到通风良好、空气新鲜的地方，保持呼吸道通畅。如呼吸困难，立即输入氧气，如停止呼吸，进行人工呼吸，并送医院救治。

(4) 如果食入轻烃，应饮足量温水，催吐，送医院救治。

64. 如何使用手提式干粉灭火器？

（1）迅速提灭火器至着火点的上风口。

（2）将灭火器上下颠倒几次，使干粉预先松动。

（3）拔下保险销。

（4）一只手握住喷嘴，另一只手紧握压把，用力下压，干粉即从喷嘴喷出。

（5）喷射时，将喷嘴对准火焰根部，左右摆动，由近及远，向前推进，不留残火，以防复燃。

65. 如何使用推车式干粉灭火器？

（1）将干粉灭火车推或拉至现场。

（2）右手抓着喷粉枪，左手顺势展开喷粉胶管，直至平直，不能弯折或打圈。

（3）除掉铅封，拔出保险销。

（4）用手按下供气阀门。

（5）左手把持喷粉枪管托，右手把持枪把，用手指扳动喷粉开关，对准火焰喷射，不断靠前，左右摆动喷粉枪，让干粉笼罩住燃烧区直至扑灭为止。

66. 二氧化碳灭火器使用时的注意事项有哪些？

（1）二氧化碳是窒息性气体，在空气不流通的火场使用后，必须及时通风。

（2）在灭火时，要连续喷射，防止余烬复燃，不可颠倒使用。

（3）使用中要戴上手套，动作要迅速，以防止冻伤。

（4）在室外使用时，不能逆风使用。

67. 干粉灭火器的适用范围是什么？

（1）碳酸氢钠干粉（BC）灭火器适用于易燃、可燃液体、气体及带电设备的初期火灾。

（2）磷酸铵盐（ABC）干粉灭火器除可用于上述几类火灾外，还可扑救固体物质的初期火灾。

（3）干粉灭火器不能扑救金属燃烧的火灾。

68. 灭火器外观检查有哪些内容？

（1）铅封：灭火器一经开启，必须按规定要求进行充装，充装后应作密封试验，并重新铅封。

（2）防腐：检查可见部分的完好程度，防腐层轻度脱落的应及时补好，有明显腐蚀的应送消防器材专修部门处理。

（3）零部件：检查零部件是否完整，有无松动，变形，锈蚀或损坏，装配是否合理。

（4）压力表：储压式灭火器的压力表指针应在绿色区域内。

（5）喷嘴：检查灭火器喷嘴是否堵塞，如堵塞应进行疏通。

69. 如何使用干粉炮车？

（1）打开氮气瓶阀。

（2）缓慢旋转减压器调节螺杆，使进气压力达到工作压力 1.4MPa。

（3）打开进气球阀（充气阀）向罐内充气，当罐内压力达到 1.4MPa 时，减压器处于平衡状态。

（4）打开干粉车炮筒上的固定销子，转动炮筒对准火源。

（5）打开炮筒下面的出粉阀即可灭火。

70. 轻烃储罐的喷淋水系统什么时候投用？

（1）当环境温度高时，打开轻烃储罐的喷淋水对其进行喷淋降温。

（2）当有轻烃储罐发生火灾时，打开相邻的轻烃储罐喷淋水，对其进行降温。

71. 如何正确佩戴安全帽？

（1）检查安全帽的拱带、缝合线、铆钉、下颌带等是否有异常情况。

（2）使用时将安全帽戴正、戴牢，不能晃动。

（3）调节好后箍，系好下颌带，扣好帽扣，以防安全帽脱落。

72. 如何正确佩戴安全带？

（1）使用前检查绳、带和自锁钩等附件是否齐全完好。

（2）将安全带穿在肩上。

（3）系好腰带扣、肩带扣。

（4）系好双腿带扣。

（5）将保险绳挂钩挂在安全带挂环上。

73. 引起静电火灾的条件有哪些？

（1）周围和空间必须有可燃物存在。

（2）具有产生和累积静电的条件。其中包括物体自身或其周围与它相接触物体的静电起电的条件。

（3）静电累积起足够高的静电电位后，必将周围的空气介质击穿而产生放电，构成放电的条件。

（4）静电放电的能量大于或等于可燃物的最小点火能量。

74. 防止静电火灾的基本措施有哪些？

（1）做好各危险介质容器、管线的密闭工作。

（2）对轻烃泵房、压缩机厂房采取强制通风措施。

（3）操作人员进入生产装置区必须穿防静电工作服、工作鞋。

（4）进入轻烃泵房、轻烃储罐区、压缩机厂房等危险场所前应释放静电。

75. 如何进行口对口人工呼吸？

（1）保持病人仰头抬颌。

（2）急救者用按于病人前额那只手的拇指和食指，捏紧其鼻翼下端。

（3）深吸一口气后，张开嘴巴完全把病人的嘴巴包住。

（4）然后用力吹气 1 ～ 1.5s 使肺脏扩张。

（5）吹气后，抢救者松开捏鼻孔的手，让病人胸廓及肺依靠其弹性自主回缩呼气。

（6）每次吹气量为 500 ～ 600mL（成年病人需要量），每次吹气时观察到病人胸部上抬即可。

（7）开始应连续 2 次吹气。

76. 如何进行胸外心脏按压？

（1）按压时，病人必须保持平卧位（水平位），头部位置低于心脏，使血液易流向头部。下肢可抬高，以促使静脉血回流。

（2）若胸外按压在软床上进行，应在病人背部垫以硬板，以保证按压的有效性。

（3）胸外按压的正确部位是胸骨中下 1/3 交界处。

（4）用一只手的掌根部放在胸骨的下半部，另一只手重叠放在这只手的手背上，手掌根部横轴与胸骨长轴确保方向一致，手指无论是伸展还是交叉在一起，都不要接触胸壁。

（5）按压时肘关节伸直，依靠肩部和背部的力量垂直向下按压，使胸骨压低 4 ～ 5cm，随后突然松弛，按压及放松时间大致相等，放松时双手不要离开胸壁，否则会改变正确的按压位置。

（6）按压频率为 100 次 /min。

77. 止血的方法是什么？

止血的方法有三种，即加压包扎止血法、指压止血法、橡皮止血带止血法。

78. 如何对昏迷病人进行紧急处理？

凡昏迷病人，由于舌根向后坠落，造成呼吸道入口处不同程度的阻塞，影响氧气顺利进入肺部。

（1）立即将病人置于平卧位，头偏向一侧。

（2）抽去病人枕后枕头，或在其两肩胛骨下放一薄枕，有利于头向后稍仰。

（3）急救者可用压额举颌法打开病人的呼吸道，使舌根上举、呼吸道畅通，并不断地清除其口、鼻腔内的黏液、血液和分泌物。

（4）取出病人口袋内的硬币、小刀和钥匙等，以免造成压伤。

（5）冬天应注意保暖，夏天注意防暑降温。

（6）如发现病人的心跳、呼吸已停止，切勿迟缓，应立即做心肺复苏初级救生术。

79. 接触氨的处理方法是什么？

（1）当皮肤接触到氨时，应立即脱去被污染的衣物，应用 2% 的硼酸液或大量清水彻底清洗。

（2）当眼睛接触到氨时，应立即提起眼睑，用大量流动清水或生理盐水彻底清洗至少 15min。

（3）当吸入氨时，迅速脱离现场，保持呼吸道畅通。若呼吸困难，应输送氧气；若呼吸停止，应立即进行人工呼吸，并送医院救治。

HSE 必备技能

（一）特种设备的使用

1.《中华人民共和国特种设备安全法》突出哪些安全主体责任？

经营单位、生产单位、使用单位。

2. 特种设备主要特征有哪些？

使用方面比较普及、同时涉及生命安全、危险性较大、事故所带来的危害极大的设备。

3. 油气初加工装置中常见的特种设备有哪些？

依据《中华人民共和国特种设备安全法》的定义：特种设备主要是指对人身和财产安全有较大危险性的锅炉、有机热载体炉、压力容器（含气瓶）、压力管道、起重机械（桥式起重机）、场（厂）内专用机动车辆等。

4. 特种设备使用具体要求有哪“三有”？

一有检验：定期检验，且有效合格。

二有证件：特种设备具有《注册登记证》，作业人员具有《操作资格证》。

三有效：安全附件灵敏有效，运行质量可靠有效，隐患整改及时有效。

5. 特种设备作业人员职责有哪些？

（1）熟悉所操作特种设备的技术特性以及可能发生的事故和应采取的措施等。

（2）遵守劳动纪律，执行安全规章制度和操作规程，听从指挥，保持本岗位特种设备的安全和清洁、不随意拆除安全保护装置，有权拒绝违章指挥。

（3）在作业过程中发现事故隐患或不安全因素，应立即向特种设备管理人员和单位有关负责人报告。

（二）消防安全

1. 什么是第一、第二灭火应急力量和疏散引导员？

发生火灾时，在火灾现场的员工为第一灭火应急力量，应在1min内组织扑救初期火灾；火灾确认后，单位按照本单位灭火和应急疏散预案，组织员工形成的灭火应急力量为第二灭火应急力量，应在3min内开展火灾扑救；发生火灾时，单位各楼层疏散通道、安全出口部位负责组织引导现场人员疏散的工作人员为疏散引导员。

2. 如何处置初期火灾？

（1）员工巡检发现火情后，应立即按下就近处火灾声光报警器，主控室接到报警信息后，立即汇报值班干部及调度室。（2）员工使用就近的消火栓、灭火器等设施器材灭火，同时观察火势可能波及的设备范围，便于现场指挥人员做出正确判断。（3）迅速引导无关人员进行疏散逃生。

3. 火灾发生时疏散逃生的路线是什么？

（1）一般路线：通常情况下，火场逃生时应遵照逃生原则，依托建筑物本身的疏散设施，选择最短、最安全的线路。生产车间发生火灾时，就应选择最近的出口进行撤离。

（2）特殊情况下的逃生路线：这里所谓的特殊情况是指由于火灾蔓延迅速、火势猛烈，一般疏散路线被火势阻断，或是建筑物内的可利用疏散设施无法使用，如疏散楼梯倒塌、安全出口被封堵等情况下，火场内人员无法通过自身能力逃离现场。这种情况下就要选择通往相对安全、受火势威胁较小或可能较晚的、通风良好、便于消防队员发现和救助的地方和路线来逃生。如情况更为危险，则可将自己置于相对独立、密闭的空间内，采取封闭门缝、打湿可燃物等一定的防护措施，坚守待援。

4. 火灾逃生策略是什么？

面对大火，必须坚持“三要”“三救”“三不”的原则，才能够化险为夷，绝处逢生。

“三要”是指：

（1）要熟悉自己住所的环境。

（2）要遇事保持沉着冷静。

（3）要警惕烟毒的侵害，平时要多注意观察，做到对住所的楼梯、通道、大门、紧急疏散出口等了如指掌，对有没有平台、天窗、临时避难层（间）心中有数。

“三救”是指：

（1）选择逃生通道自救。

（2）结绳下滑自救。

（3）向外界求救。

“三不”是指：

（1）不乘普通电梯。

（2）不轻易跳楼。

（3）不贪恋财物。

5. 火场求救方法是什么？

当发生火灾时，可在窗口、阳台、房顶、屋顶或避难层处，向外大声呼叫，敲打金属物件、投掷细软物品、夜间可打手电筒、打火机等物品的声响、光亮，发出求救信号。引起救援人员的注意，为逃生争得时间。

（三）急救处置

1. 烧烫伤后的应急处理方式。

（1）冲：在烫伤之后立即将受伤部位在凉水下进行冲

洗，清洗油脂，带走热量。

（2）脱：将受伤部位所覆盖的衣物脱下来，减少轻污染物在皮肤上的存留时间。

（3）泡：将受伤部位在冰中浸泡 10 ～ 20min，疼痛较剧烈，可达到 30min，减轻受伤部位的疼痛、疏散热源。

（4）盖：选取干净纱布或干净的毛巾覆盖伤口。

（5）送：尽快送至医院治疗。避免使用土方法处理伤口，加重伤口污染，导致感染加重。

2. 冻伤后的应急处理方法。

要及时积极进行救治，尽快脱离导致冻伤的环境。对于全身性冻伤的患者，要做好全身和局部保暖措施，用温水进行局部快速复温，以 40 ～ 42℃的温水效果为佳，待其体温恢复正常 10min 后，擦干身体，用厚暖被服继续保温，并及时到医院救治。

3. 中暑后的应急处理方法。

（1）将中暑的人员移至清凉处，并饮用电解质饮料。

（2）躺下或者坐下并抬高下肢，促进血液回流。

（3）降温，用温的湿毛巾敷患者的前额和躯干，或用大的湿毛巾、湿床单将患者裹起来，用电风扇吹促进水分的蒸发，有助于患者身上热量的丧失。注意不要用酒精擦拭患者的身体，以免发生过敏反应，神志清醒的患者饮用清凉的饮料。如果是神志不清的重度中暑患者，应转送至医院进行急救治疗。

4. 骨折外伤应急处理方法。

骨折现场急救四步骤顺序可以简单记忆为脱离环境、止血包扎、肢体固定、搬运病人。

（1）如果伤员肢体被重物压住，应设法去除重物；手被机器打伤者，应立刻关闭机器。手被夹者甚至要拆开机器，解除压迫。

（2）包扎是最常见的外科治疗手段，可起到保护创面、止血、止痛、减少污染的作用，适用于全身各个部位。包扎时注意充分暴露伤口，伤口上加盖干净敷料，较深的伤口要填塞止血，松紧要适当，打结不要打在伤口上。

（3）患肢夹板固定前，必须先止血、包扎伤口。包扎时，暴露的骨折端不能送回伤口内以免损伤血管、神经及加重污染。夹板的长度要超过上下关节，宽度适宜。夹板与皮肤之间及夹板两端要加以纱布、棉花等物作垫子，以防局部组织压迫坏死。结打在夹板一侧，松紧适当，指（趾）要露出，以便观察肢体血循环。

（4）搬运要有明确的目的，伤员应头在后，脚在前，上下坡 / 梯时要保持伤员的水平状态，一般采用卧位。

5. 触电急救应急处理方法。

（1）脱离电源：这步操作需要争分夺秒，根据现场环境和条件采用最快、最安全的方式切断电源，或使患者脱离电源，如关闭电闸、切断电线、挑开电线、拉开触电者等。

（2）紧急处理：电击后的患者可能存在假死状态，让周围人拨打 120，同时心肺复苏必须坚持不懈地进行，不能轻言放弃，直到 120 救护人员赶到。

（四）PPE 的使用

1. 正压呼吸器的使用需要注意哪些方面？

（1）气瓶中压力不得低于 27MPa。

（2）检验供气阀是否好用，确保在使用过程中压力不足时发出报警声。

（3）当压力低于5.5MPa或指针在红区时，发出报警哨声，表示气瓶压力不足，应立即撤离现场，否则存在窒息或中毒的风险。

（4）使用过程中还需要经常看压力表，需要判断压力是否充足，因在噪声大的环境中，可能听不到报警哨声。

（5）头带需要戴在颈部，防止面罩脱落时掉落在地面。

（6）额前头发夹在面罩中会影响面罩气密性。

（7）面罩气密性不严在有毒有害场所会引起窒息或中毒的危险。

（8）主要用于受限空间、有毒有害气体、缺氧等环境中。

（9）使用后需要将面罩、背架带等部件及时归位，便于下次应急使用。

（10）使用后需按下供气阀将放空管路剩余空气排掉。

2. 可燃气体检测仪的使用。

（1）可燃气体检测仪可以检测四种有毒有害气体：可燃气体、O_2、CO、H_2S。

（2）仪表显示的是检测气体的浓度。

（3）当检测仪发出声光报警时，有以下几种情况：一是可燃气体浓度达到报警值时，表明现场有气体泄漏，应立即启动预案处理。二是氧气浓度低于19.5%表明缺氧环境，高于22%富氧环境。三是CO和H_2S达到报警值，表明环境中存在有毒气体，应采取防护措施。

（4）当浓度达到100%LEL时，表明现场已达到天然气爆炸极限5%，有爆炸危险，应立即撤离。

（5）可燃气体检测仪可以用于可燃气体、受限空间、缺氧、有毒气体等场所。

3. 全面罩呼吸器的使用。

（1）气密性检查正压法：用手捂住前方的呼吸口，缓缓呼气，面罩稍微鼓起但没有空气溢出。气密性检查负压法：用手捂住左右两侧吸气口，缓缓吸气，面罩稍微塌陷并贴近面部，没有空气漏入。

（2）不能用于大气中氧气含量低于19.5%的环境中。

（3）不能在污染物未知的环境中使用。

4. 3M6006滤毒盒在哪些场所使用？

主要使用场所为有机蒸汽、硫化氢、二氧化硫、硫化氢、甲醛等有机气体泄漏场所，在天然气、轻烃、丙烷、甲烷泄漏时，可选用3M6006滤毒盒。

（五）安全标志

安全标志涂色代表什么意思？

警告为黄色（小心点，不然容易出事），严禁为红色（千万不能这么干），指令为蓝色（请按要求做），提示为绿色（不知道怎么办，跟我走吧）。

三、风险识别

（一）认识风险

1. 风险、隐患、危险源三者的逻辑关系是什么？

（1）危险源广义上讲是事故的诱因，客观存在。

（2）危险源是风险的载体，风险指某个危险源导致一种或几种事故伤害发生的可能性和后果的组合。

（3）隐患指某种措施弱化，导致风险不可控，如果隐患排查不到位，可能导致事故，全部来源于第一类及第二类危险源。

2. 什么是海因里希法则？

1941 年由美国工程师海因里希通过大量机械伤害统计得出，每发生 330 起意外事件，有 300 件未产生人员伤害，29 件造成人员轻伤，1 件导致重伤或死亡，如图 14 所示。

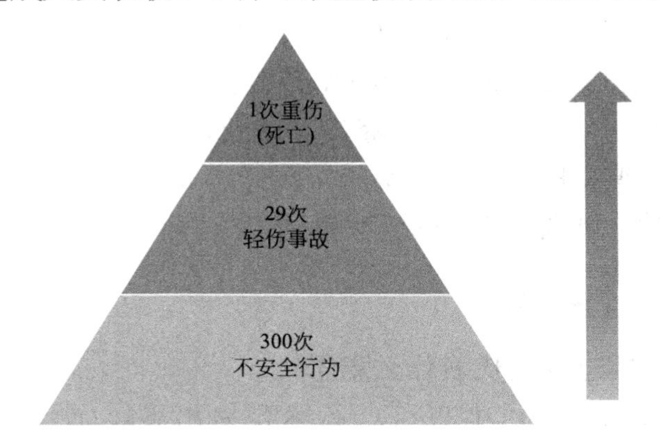

图 14　海因里希法则金字塔

3. 什么是墨菲定律？

事情如果有变坏的可能，不管这种可能性有多小，它总会发生。要有两点认识，一是不能忽视小概率危险事件，即“黑天鹅事件”；二是习以为常的风险，时刻不能放松，必须从我做起，采取积极的预防方法、手段和措施，消除人们不希望有的和意外的事件，即“灰犀牛事件”。

4. 风险管理的宗旨是什么？

任何岗位、任何工作、任何项目，都要有风险意识。无论是管理岗位还是操作岗位，在开展任何工作活动之前，首先要进行危害辨识与风险评估，在保证安全环保的前提下开展工作。

5. 危害因素、事件、事故的逻辑关系？

危害因素是指可能导致事故根源和状态；事件是指导致或可能导致事故的情况；事故是指造成死亡、疾病、伤害、污染、损坏或其他损失的意外情况，属于递进关系。

6. 危害因素辨识的定义和任务是什么？

危害因素辨识是识别健康、安全和环境危害因素的存在并确定其特性的过程。其有两个关键任务：一是识别可能存在的危害因素；二是辨识可能发生的事故后果。

7. 事故发生链条是什么？

事故发生链条如图 15 所示。

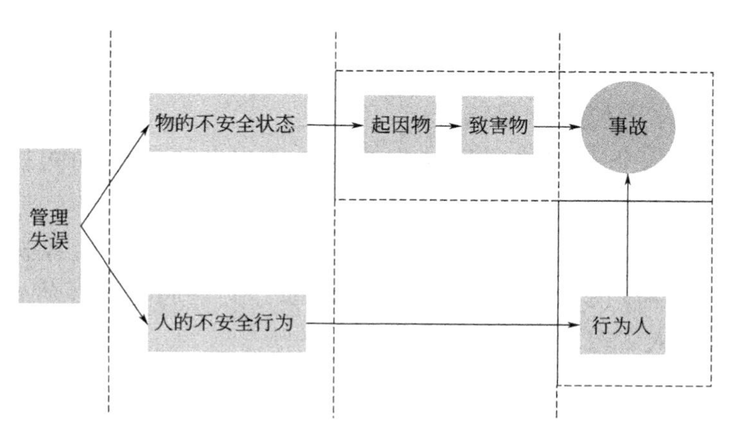

图 15　事故链条示意图

8. 在本岗位我们可能受到什么伤害？

电伤、压伤、割伤、擦伤、骨折、化学性灼伤、扭伤、冻伤、烧烫伤、中暑、中毒等伤害。

9. 在本岗位有什么物体或物质可以导致伤害？

电气设备、梯子、人站立的作业面、锅炉、压力容器、起重机械、化学品、化工机械、噪声、蒸汽、电气动工具、车辆等。

10. 在本岗位一旦发生伤害，受伤者与致害物是以何种方式发生的伤害?

碰撞、撞击、坠落、坍塌（挖掘作业）、倒塌（危房倾倒、恶劣天气倾倒）、灼烫（高温管线）、火灾、爆炸、中毒（油气泄漏、化验室药品中毒）、触电。

11. 在本岗位存在哪些不安全状态?

（1）防护、保险、信号等装置缺乏或缺陷（安全阀底阀未开、继电保护通信失效、继电保护二次回路虚接、接地扁钢未满焊）。

（2）设备、设施、工具、附件有缺陷（厂区轴流风机非防爆、烟囱绷绳拉线选用过细、吊装钢丝绳短股或吊装带破损、天吊限位器调整错误）。

（3）个人防护用品缺少或有缺陷（未佩戴劳动防护用品、安全帽私自打眼、普通皮鞋代替防静电工鞋）。

（4）生产设施环境不良（厂房照明损坏、轴流风机损坏、机器渗漏有油污、危化品酸碱未分类存储、剧毒药品未设置双人双锁）。

12. 常见的人的不安全行为有哪些?

（1）操作错误。

（2）人为造成安全装置失效。

（3）使用非防爆工具。

（4）盲目相信经验，手代替工具。

（5）冒险进入危险区域，危险作业未经审批盲目操作。

（6）攀爬、坐、站立在不安全位置。

（7）机器运转时进行修理、维护、调整等工作。

（8）注意力不集中。

（9）劳动防护用品未佩戴或佩戴不规范。

13. 岗位写风险应遵循哪些步骤？

（1）写清工作任务。

（2）写清伤害。

（3）写清危害因素。

（4）写清控制措施。

（5）写清操作规程相关项，如图 16 所示。

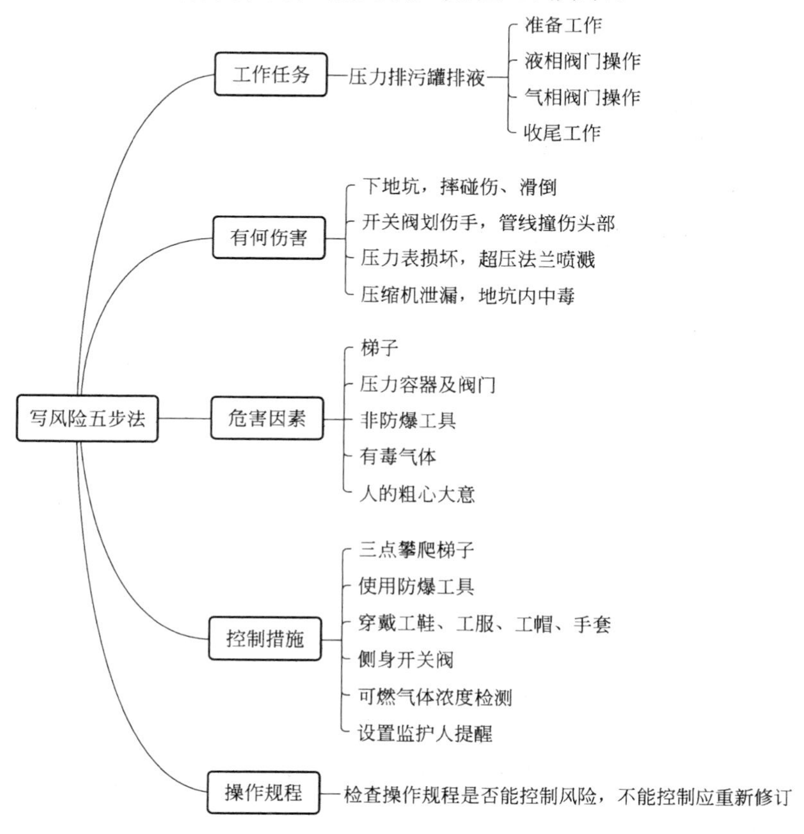

图 16 写风险五步法示例

（二）评价风险

1. 风险评价工具有哪些？

应用最广、操作简单的方法为作业条件危险性分析法（简称 LEC 法）、风险矩阵法（简称 LS 法）。

2. 作业条件危险性分析法与风险矩阵法有何差异之处？

作业条件危险性分析法适宜用来评价人们在具有潜在危险环境中作业活动时的危险性半定量评价方法。一般需要有关人员（生产安全管理人员、技术人员、操作人员代表等）组成小组，依据过去的经历、有关的知识，经充分讨论，计算危险度，最后确定风险等级。

风险矩阵法适宜用来评价设备设施风险，也是半定量半定性评价方法。计算风险度，根据风险矩阵划分，判定风险可能产生的后果。

3. 作业条件危险性分析法的具体评估方法是什么？

作业条件危险性分析法，又称格雷厄姆—金尼法，又称作业条件危险性评价法，用来评价人们在具有潜在危险环境中作业活动时的危险性半定量评价方法。

$$D=LEC$$

式中 L——事故、事件发生的可能性。

E——人员暴露于危险环境中的频繁程度。

C——发生事故可能造成的后果。

D——风险高低的等级，表示危险程度。

D 值越大，说明该作业活动危险性越大、风险越大，见表 8、表 9。

表8 LEC法相关判定标准

事故发生的可能性（L）	分数值	暴露于危险环境的频繁程度（E）	分数值	事故造成的后果（C）	分数值
完全会被预料到	10	连续暴露	10	十人以上死亡	100
相当可能	6	每天工作时间内暴露	6	数人死亡	40
可能，但不经常	3	每周一次或偶然暴露	3	一人死亡	15
完全意外，很少可能	1	每月暴露一次	2	严重伤残	7
可以设想，很不可能	0.5	每年几次暴露	1	有伤残	3
极不可能	0.2	非常罕见地暴露	0.5	轻伤，需救护	1
实际上不可能	0.1				

表9 LEC风险级别判定标准

分数值	风险级别	危险程度
>320	5	极其危险，不能继续作业（立即停止作业）
160～320	4	高度危险，须立即整改
70～159	3	显著危险，需要整改
20～69	2	一般危险，需要注意
<20	1	稍有危险，可以接受

注：LEC法，危险等级的划分都是凭经验判断，难免带有局限性，应用时要根据实际情况进行修正。

4. 如何运用作业条件危险性分析法进行案例分析？

本案例列举进入受限空间作业时的工作前安全分析步骤，见表10。

表10　LEC法相案例分析

任务类型	工作任务简述		危害因素及描述
	工作内容	操作步骤	
检修作业	过滤器滤料清理	打开人孔，强制通风	罐内可燃气体浓度超标，引起火灾、爆炸（危害1）
		清理滤料	罐内部湿滑，滑倒造成摔伤、擦伤（危害2）
			可燃气体积聚，引起火灾、爆炸（危害3）
			行灯电压过高，造成触电、火灾、爆炸（危害4）
			置换不合格，人员窒息（危害5）
		作业完毕清理现场	垃圾、废料环境污染，影响安全操作、阻塞通道（危害6）

风险评价				现有控制措施
可能性（L）	暴露频率（E）	严重度（C）	风险值（D）	
1（危害1）	1	15	15	（1）采用防爆轴流风机强制通风、连续通风 （2）作业监护人在作业前30min检测可燃气体浓度，可燃气体浓度小于爆炸下限的10%
3（危害2）	1	1	3	作业人员佩戴安全绳，穿防滑鞋，正确穿戴劳保，不裸露皮肤

续表

风险评价				现有控制措施
可能性（L）	暴露频率（E）	严重度（C）	风险值（D）	
1（危害 3）	1	40	40	（1）确认气体检测值，连续气体监测，两次检测间隔时间最多不超过 30min （2）使用防爆工具（铜质锹） （3）30min 轮换作业一次，对进入罐内人员及携带工具进行登记 （4）罐内上水，退出气体，退水
1（危害 4）	1	1	1	使用 12V 安全电压行灯
1（危害 5）	1	40	40	连续含氧量监测，两次检测间隔时间最多不超过 30min
3（危害 6）	1	1	3	作业人员对设备、现场进行清理，按进出物品登记表确认无物品遗留罐内

本次作业是一项典型的受限空间作业，通过分析得出，较高风险的工作主要为密闭空间的中毒、爆炸、窒息风险，所以在作业前就要做好全面的置换、强制通风，严格落实作业许可制度，连续气体监测，确保风险可控。

5. 风险矩阵法具体评估方法是什么？

风险矩阵法，是识别出可能存在的危害，判定可能产生的后果及可能性，二者相乘，得出所确定危害的风险，根据风险级别，采取相应的风险控制措施，此方法适用于设备管理及人员管理。

$$R=LS$$

式中 L——事故、事件发生的可能性。

S——事故后果严重性。

R——危险性（也称风险度）。

R 值越大，说明被评价对象危险性越大、风险越大。风险矩阵法各参数取值及判定见表 11 至表 14。

表 11　风险矩阵法（L）参考取值

分值	参考频率	人员情况	设备设施、工器具及材料	环境状况	规程和针对性管理方案
5	近一年内发生过	无培训、无经验	超期运行或超检验期	受限空间作业，存在有毒有害气体	没有
4	在公司内发生过	有培训但培训时间不够或效果不好	无保护自动装置或存在质量问题	立体交叉作业，场地狭窄	有，但不完善，偶尔执行
3	在行业内发生过	经验不足，多次出现差错	基本完好，但安全装置不完善	通风、光照或温度需采取措施才能作业，周围有运行设备，立面有同时作业	有，较完善，但只有部分执行
2	在国内曾发生过	偶尔出现差错	总体完好，但有缺陷	通风、光照或温度不影响作业，系统停运且周围无运行设备，同一作业面有作业	有，完善，但偶尔不执行
1	从未听说过	培训充分，经验丰富	完好无缺陷	通风、光照或温度良好，系统停运且周围无运行设备	有，完善，严格执行

表 12 风险矩阵法（*S*）参考取值

分值	可能造成的人员伤害	可能造成的财产损失
1	一般无损伤	直接经济损失 5000 元以下
2	1 ～ 2 人轻伤	直接经济损失 5000 元以上，10000 元以下
3	造成 1 ～ 2 人重伤 3 ～ 6 人轻伤	直接经济损失 10000 元以上，10 万元以下
4	1 人死亡 3 ～ 6 人重伤或严重职业病	直接经济损失 10 万元以上，100 万元以下
5	2 人以上死亡 7 人及以上重伤	直接经济损失 100 万元以上

表 13 风险矩阵法（*R*）取值区域划分

严重性（*S*） 可能性（*L*）	1	2	3	4	5
1	1	2	3	4	5
2	2	4	6	8	10
3	3	6	9	12	15
4	4	8	12	16	20
5	5	10	15	20	25

表 14 风险矩阵法（*R*）值风险判定依据

风险度（*R*）	等级	应采取的行动 / 控制措施	实施期限
17 ～ 25	重大风险	在采取措施降低危害前，不能继续作业或运行，且应对改进作业措施进行评估	立即整改

续表

风险度（R）	等级	应采取的行动 / 控制措施	实施期限
10 ～ 16	较大风险	采取紧急措施降低风险，建立运行控制程序，定期检查评估	及时整改
5 ～ 9	一般风险	建立目标和操作规程，加强培训及沟通	按计划整改
0 ～ 4	低风险	建立作业指导书，定期检查	条件具备时整改

6. 什么是工作前安全分析？

根据 Q/SY 1238—2009《工作前安全分析管理规范》规定，工作前安全分析是指事先或定期对某项工作任务进行风险评价，并根据评价结果制订和实施相应的控制措施限度，消除或控制风险的方法。

7. 工作前安全分析的范围应包括哪些？

应用于以下作业活动：

（1）新的作业。

（2）非常规（临时）的作业。

（3）承包商作业。

（4）改变现有的作业。

（5）评估现有作业。

8. 工作前安全分析的步骤是什么？

（1）成立小组，基层负责人指定。

（2）审查工作计划、分解工作任务、了解现场作业环境。

（3）识别危害因素，填写工作前安全分析表。

（4）对危害因素运用 LEC 法评价打分。

（5）根据风险评价得分高低，制订相对应的风险控制措施。

（6）分析控制措施是否完善有效，可以控制风险。

（7）小组成员一致认同后，进行作业。

（三）双重预防机制篇

1. 双重预防机制的含义是什么？

2021 年 9 月 1 日颁布实施的《中华人民共和国安全生产法》中企业主要负责人的安全职责中明确提出要“组织建立并落实安全风险分级管控和隐患排查治理双重预防工作机制，督促、检查本单位的安全生产工作，及时消除生产安全事故隐患”，双重预防机制建设已正式立法。

2. 双重预防机制建设的三道防线是什么？

三道防线如图 17 所示。

（1）第一道防线是安全风险防控。

（2）第二道防线是隐患排查治理。

（3）第三道防线是事故应急救援。

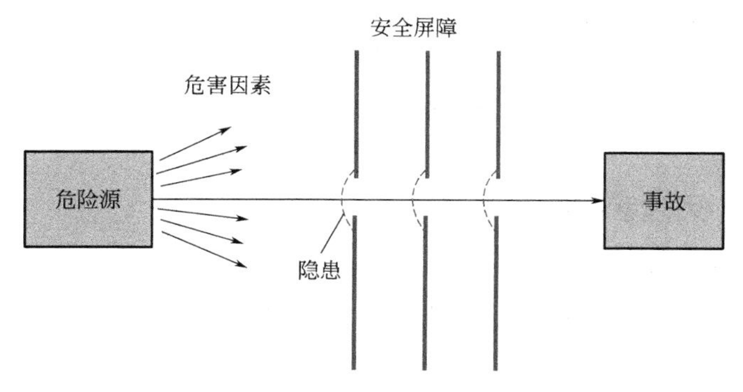

图 17　双重预防机制建设三道防线

3. 集团公司“四条红线”具体内容是什么？

（1）可能导致火灾、爆炸、中毒、窒息、能量意外释放的高危和风险作业。

（2）可能导致着火爆炸的生产经营领域的油气泄漏。

（3）节假日和重要敏感时段（包括法定节假日，国家重大活动和会议期间）的施工作业。

（4）油气井井控等关键作业。

4. 双重预防机制建设整体工作思路是什么？

一是策划和准备；二是风险辨识评估；三是风险分级管控；四是隐患排查；五是隐患治理及验收，如图18所示。

5. 风险（危险程度、危险度）评估方法有哪些？

（1）作业活动危险源及其风险（危险程度、危险度）应采用作业危害分析法（JHA）等方法进行评估。

（2）设备设施危险源及其风险可采用安全检查表分析法（SCL）等方法进行评估。

（3）对于复杂的工艺企业可委托专业安全技术服务机构采用危险与可操作性分析（HAZOP）等方法进行评估。

6. 风险分级及四色标注有哪些？

根据风险分析结果，确定危险源可导致不同事故类型的风险等级。风险等级从高到低划分为重大风险、较大风险、一般风险和低风险四个等级，分别用红、橙、黄、蓝四种颜色代表。

7. 风险管控的层级是什么？

（1）低风险——班组、岗位管控。

（2）一般风险——部室（车间级）、班组、岗位管控，需要控制整改。

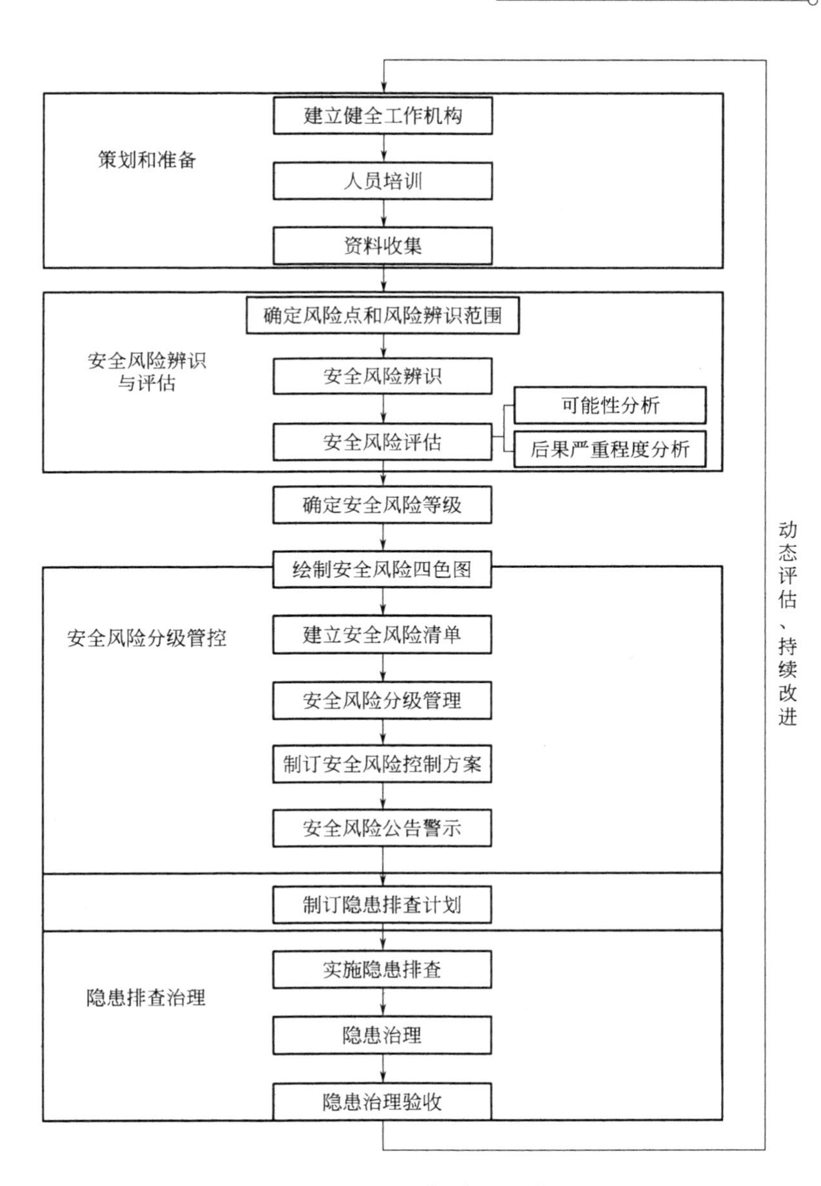

图 18　双重预防机制建设工作流程图

（3）较大风险——公司（厂）级、部室（车间级）、班组、岗位管控，应制定建议改进措施进行控制管理。

（4）重大风险——公司（厂）级、部室（车间级）、班组、岗位管控，应立即整改，不能继续作业，只有当风险降至可接受后，才能开始或继续工作，见表15。

表15　双重预防机制建设中风险等级判定

<table>
<tr><th>风险值</th><th>风险度</th><th>风险等级</th><th>颜色</th></tr>
<tr><td>>320</td><td>极其危险</td><td>重大风险</td><td>红</td></tr>
<tr><td>160～320</td><td>高度危险</td><td>较大风险</td><td>橙</td></tr>
<tr><td>70～160</td><td>显著危险</td><td>一般风险</td><td>黄</td></tr>
<tr><td>20～70</td><td>轻度危险</td><td rowspan="2">低风险</td><td rowspan="2">蓝</td></tr>
<tr><td>小于20</td><td>稍有危险</td></tr>
</table>

（四）HSE管理工具

1. 工作循环分析（JCA）的工作步骤和内容是什么？

工作循环分析是以操作主管（基层单位队长或班组长）与员工合作的方式进行，通过现场评估的方式对已制定的操作规程和员工实际操作行为进行分析和评价的一种方法。

其工作步骤分为准备阶段、初始评估阶段、现场评估阶段、最终评估阶段和记录分析阶段。

准备阶段的主要工作内容为：

（1）识别关键作业过程和关键设备。

（2）梳理关键作业过程。

（3）关键设备有关的操作规程，没有相应规程时，建立相应规程。

（4）建立操作规程清单。

（5）制订 JCA 计划，确定时间与频次，并通知相关人员。

初始评估阶段的主要工作内容为：

操作主管与员工讨论实际操作情况与程序的差异，以验证程序的完整性、适用性和员工对操作程序的理解程度。

沟通内容应包括：

（1）需要的防护设备及完好状态；

（2）需要的工具及完好状态；

（3）执行操作程序涉及的一些关键安全要求；

（4）关键安全要求是否针对该工作，操作程序中是否已包含该安全要求；

（5）执行该操作程序能否使工作安全、有效地进行。

现场评估阶段的主要工作内容应包括：

（1）观察实际操作与操作程序的偏差。

（2）找到操作程序本身的缺陷。

（3）找出潜在的风险及其他不安全事项。

最终评估阶段的主要工作内容应包括：

（1）讨论发现的问题。

（2）确认整改建议。

记录分析阶段的主要工作内容应包括：

（1）通过评估分析，修订关键作业操作程序（每年一次）。

（2）组织员工对规程的学习培训。

（3）组织员工参加工作循环分析（每年一次）。

2. 安全观察六步法是什么？

安全观察六步法：观察、表扬、讨论、沟通、启发、感谢。

3. 启动前安全检查的范围及内容是什么？

启动前安全检查是在工艺设备启动和施工前对所有相关危害因素进行检查确认，并将所有必改项整改完成，批准启动的过程。

启动前安全检查的范围包括：

(1) 新建、改建、扩建的工艺设施设备。

(2) 工艺设备发生重大变更。

(3) 工艺设备的停产检修。

应建立安全检查清单，包括工艺技术、设备、人员、应急响应、环境保护等五方面内容，具体检查内容见表16。以原稳装置完成检修投入使用为例做启机前安全检查，见表17。

表16　安全检查内容参考表

序号	工艺技术	设备	人员	事故调查及应急响应	环境保护
1	所有工艺安全信息已归档	设备已按设计要求制造、运输、储存和安装	所有相关员工已接受有关HSE危害、操作规程、应急知识的培训	针对以往事故教训制定的改进措施已得到落实	控制排放的设备可以正常工作
2	工艺危害分析建议措施已完成	设备运行、检维修、维护的记录已按要求建立	承包商员工得到相应的HSE培训	确认应急预案与工艺安全信息相一致，相关人员已接受培训	处理废弃物（包括废料，不合格产品）的方法已确定

续表

序号	工艺技术	设备	人员	事故调查及应急响应	环境保护
3	操作规程经过批准确认	设备变更引起的风险已得到分析，操作规程、应急预案已得到更新	新上岗或转岗员工了解新岗位危险并具备胜任本岗位的能力	—	环境事故处理程序和资源（人员、设备、材料等）确定
4	工艺技术变更，包括工艺或仪表图纸的更新，经过批准并记录在案	—	—	—	符合环境保护法律法规

表17 安全检查内容示例

序号	检查内容	选择		行动		发现问题	检查人
		有关	无关	必改	待改		
1	工艺阀组	√		√		水封阀组两处平台缺少部分护栏	何
2	现场消防设施	√		√		现场未配备灭火器	何
3	电力系统	√		√		电缆敷设改造未验收	殷
4	作业方案	√		√		作业方案未经批准	颜
5	气密试验	√		√		气密试验未进行	颜

续表

序号	检查内容	选择		行动		发现问题	检查人
		有关	无关	必改	待改		
6	消防专项验收	√		√		未提供消防部门的专项验收材料	何
7	操作规程、操作卡、应急预案	√		√		操作规程、操作卡、应急预案未完成	颜
8	手动点火箱	√			√	手动点火箱没有钥匙（带高压电），门没上锁	何
9	压缩机润滑油分析	√			√	没有分析报告	孙
10	安全阀校验	√		√		火炬分离罐安全阀未检	孙

4. 上锁挂签管理的定义是什么？

上锁挂签是天然气分公司应用最广的安全管理工具，通过安装上锁装置及悬挂警示标牌，来防止危险能源和物料意外释放可能造成的人员伤害或财产损失。它遵循三个宗旨：

（1）上锁装置必须能够防止不经意的误操作。

（2）每个可能暴露于危险能源的人员必须参与上锁挂牌。

（3）上锁挂牌仅能防止误操作，对于蓄意的行为，并不能产生作用。

5. 上锁挂签的作用是什么？

（1）防止已经隔离的危险能量和物料被意外释放。

（2）对系统或设备的隔离装置进行锁定，保证作业人员免于安全和健康方面的危险。

（3）强化能量和物料隔离管理。

6. 上锁挂签的步骤是什么？

第一步：辨识在隔离、上锁挂签前，应辨识所有危险能量或物料的来源及类型，编制上锁清单。

第二步：隔离根据危险能量或物料性质及隔离方式选择相匹配的断开、隔离装置进行隔离。

第三步：上锁挂签，根据上锁清单，对已完成隔离的隔离设施选择合适的锁具、填写警示标签，对上锁点上锁挂签。

第四步：确认上锁挂签后，应进行测试，并试启动以确认危险能量或物料被有效隔离或去除。

第五步：实施作业确认危险能量或物料被有效隔离后，方可开始作业。

第六步：开锁。

7. 安全锁的分类有哪些？

（1）个人锁：每人只有一把只供个人专用，用于锁住单个隔离点或锁箱的标有个人姓名的安全锁。

（2）集体锁：用于锁住隔离点并配有锁箱的安全锁，集体锁可以是一把钥匙配一把锁，也可以是一把钥匙配多把锁。

8. 解锁方式分为哪几种？

（1）正常解锁：工作完成后，由上锁者本人进行的解锁。

（2）非正常拆锁：上锁者本人不在场或没有解锁钥匙时，且其危险禁止操作标签或安全锁需要移去时的解锁。

（五）法规基础篇

1. 事故等级判定依据是什么？

根据生产安全事故造成的人员伤亡或者直接经济损失，事故一般分为以下等级：

（1）特别重大事故，是指造成30人以上死亡，或者100人以上重伤（包括急性工业中毒，下同），或者1亿元以上直接经济损失的事故。

（2）重大事故，是指造成10人以上30人以下死亡，或者50人以上100人以下重伤，或者5000万元以上1亿元以下直接经济损失的事故。

（3）较大事故，是指造成3人以上10人以下死亡，或者10人以上50人以下重伤，或者1000万元以上5000万元以下直接经济损失的事故。

（4）一般事故，是指造成3人以下死亡，或者10人以下重伤，或者1000万元以下直接经济损失的事故。

2. 本企业事故（事件）报告程序是什么？

事故发生后，事故现场有关人员应当立即向本单位负责人报告，单位负责人接到报告后，应当于1h内向事故发生地县级以上人民政府安全生产监督管理部门和负有安全生产监督管理职责的有关部门报告。

3. 事故（事件）报告的内容有哪些？

（1）事故发生单位概况。

（2）事故发生的时间、地点以及事故现场情况。

（3）事故的简要经过。

（4）事故已经造成或者可能造成的伤亡人数（包括下落不明的人数）和初步估计的直接经济损失。

（5）已经采取的措施。

（6）其他应当报告的情况。

4. 重大责任事故罪的定义是什么？

在生产、作业中违反有关安全管理的规定，因而发生重大伤亡事故或者造成其他严重后果的行为。

5. 重大劳动安全事故罪的定义是什么？

安全生产设施或者安全生产条件不符合国家规定，因而发生重大伤亡事故或者造成其他严重后果的行为。

6. 工伤的判定标准是什么？

下列情况应认定为工伤：

（1）在工作时间和工作场所内，因工作原因受到事故伤害的。

（2）工作时间前后在工作场所内，从事与工作有关的预备性或者收尾性工作受到事故伤害的。

（3）在工作时间和工作场所内，因履行工作职责受到暴力等意外伤害的。

（4）患职业病的。

（5）因工外出期间，由于工作原因受到伤害或者发生事故下落不明的。

（6）在上下班途中，受到机动车事故伤害的。

（7）法律、行政法规规定应当认定为工伤的其他情形。

职工有下列情形之一的，视同工伤：

（1）在工作时间和工作岗位，突发疾病死亡或者在48h之内经抢救无效死亡的。

（2）在抢险救灾等维护国家利益、公共利益活动中受到伤害的。

（3）职工原在军队服役，因战、因公负伤致残，已取得革命伤残军人证，到用人单位后旧伤复发的。

7. 哪些情况不予判定工伤？

（1）故意犯罪的。

（2）醉酒或者吸毒的。

（3）自残或者自杀的。

8. 劳动功能障碍与生活自理障碍分为几级？

劳动功能障碍分为十个伤残等级，最重的为一级，最轻的为十级。

生活自理障碍分为三个等级：生活完全不能自理、生活大部分不能自理和生活部分不能自理。

9. 工伤上报时限是多少天？

职工发生事故伤害或者按照职业病防治法规定被诊断、鉴定为职业病，所在单位应当自事故伤害发生之日或者被诊断、鉴定为职业病之日起 30 日内，向统筹地区社会保险行政部门提出工伤认定申请。遇有特殊情况，经报社会保险行政部门同意，申请时限可以适当延长。

用人单位未按前款规定提出工伤认定申请的，工伤职工或者其近亲属、工会组织在事故伤害发生之日或者被诊断、鉴定为职业病之日起 1 年内，可以直接向用人单位所在地统筹地区社会保险行政部门提出工伤认定申请。

附录

风险点源识别

附表 1　天然气、轻烃阀组设备设施固有危害因素与防控措施

单元	设备设施名称	危害或故障	原因分析	防控措施			应急处置措施
				常规措施	参考标准规范	个体防护	
天然气、轻烃阀组	收发球筒	快开盲板泄漏导致着火爆炸	密封胶圈老化，造成密封不严，引起泄漏	每次通球作业结束后对快开盲板胶圈进行检查清理，发现老化现象及时进行更换	《石油天然气工程设计防火规范》	(1) 护目镜 (2) 防爆工具 (3) 安全帽 (4) 防静电工服 (5) 防静电鞋	打开收发球筒放空

续表

单元	设备设施名称	危害或故障	原因分析	防控措施			应急处置措施
				常规措施	参考标准规范	个体防护	
天然气、轻烃阀组	收发球筒	收发球筒带压	阀门密封面磨损、夹带杂质，造成球筒连接阀门出现内漏情况	研磨旧阀门，更换新阀门	《中国石油勘探与生产分公司设备管理办法》	(1) 护目镜 (2) 防爆工具 (3) 安全帽 (4) 防静电工服 (5) 防静电鞋	打开收发球筒放空
		安全阀故障造成设备超压运行	(1) 安全阀未严格执行检验校验要求 (2) 安全阀的设计和选型不符合要求	按时开展安全阀检验校验工作	《安全阀安全技术监察规程》	(1) 护目镜 (2) 防爆工具 (3) 安全帽 (4) 防静电工服 (5) 防静电鞋	及时调整运行参数，加强监控和巡检，防止超压情况发生
		设备带电造成人员受伤	设备接地未按要求安装和敷设	按要求安装接地设施，定期开展接地检测工作	《石油天然气工程设计防火规范》	(1) 护目镜 (2) 防爆工具 (3) 安全帽 (4) 防静电工服 (5) 防静电鞋	在明显位置处悬挂警示牌，禁止他人触碰

续表

单元	设备设施名称	危害或故障	原因分析	防控措施			应急处置措施
				常规措施	参考标准规范	个体防护	
天然气、轻烃阀组	收发球筒	仪表故障导致设备超工作参数运行	(1) 压力表损坏、量程不合理或超期在用，导致无法准确录取数据 (2) 压力表未按要求设计和安装 (3) 压力表未按要求维修、保养、检验	(1) 加强检查，确保压力表正常运行 (2) 定期开展维修、保养、检验工作	《一般压力表》《弹性元件式一般压力表、压力真空表和真空表检定规程》《抗震压力表》《工作用玻璃液体温度计》	(1) 护目镜 (2) 防爆工具 (3) 安全帽 (4) 防静电工服 (5) 防静电鞋	及时调整运行参数，加强监控和巡检，防止超压情况发生
		阀门、管线泄漏造成环境污染	(1) 设备设施未按要求进行维修、保养 (2) 未按要求对设备进行检查 (3) 阀门，法兰渗漏	(1) 加强阀门、管线密封点泄漏检查 (2) 及时进行更换维修 (3) 对泄漏点及时采取收集措施，防止污染物落地	《中国石油勘探与生产分公司设备管理办法》	(1) 护目镜 (2) 防爆工具 (3) 安全帽 (4) 防静电工服 (5) 防静电鞋	停运泄漏阀门，组织进行维修

续表

单元	设备设施名称	危害或故障	原因分析	防控措施			应急处置措施
				常规措施	参考标准规范	个体防护	
天然气、轻烃阀组	阀门及管线	流程切换错误导致设备设施超压运行	未设置正确标识或标识错误	喷涂管道介质流向、压力等参数标识	《油田注水、水处理地面设施管理规范》	(1) 护目镜 (2) 防爆工具 (3) 安全帽 (4) 防静电工服 (5) 防静电鞋	及时发现流程错误，切换正确流程
		设备故障和操作不当造成机械伤害	(1) 拆卸、操作设备不当 (2) 设备设施未按要求进行维修、保养 (3) 未按要求对设备进行检验	(1) 穿戴好劳动防护用品，严格遵守危险作业 (2) 定期开展设备设施维修、保养，避免设备带病运行 (3) 严格执行设备检验要求	《中国石油勘探与生产分公司设备管理办法》	(1) 护目镜 (2) 防爆工具 (3) 安全帽 (4) 防静电工服 (5) 防静电鞋	切换流程，对设备进行放空，及时抢救受伤人员

续表

单元	设备设施名称	危害或故障	原因分析	防控措施			应急处置措施
				常规措施	参考标准规范	个体防护	
天然气、轻烃阀组	阀门及管线	设备泄漏造成环境污染	密封点发生泄漏	维修密封点	《中国石油勘探与生产分公司设备管理办法》	(1) 护目镜 (2) 防爆工具 (3) 安全帽 (4) 防静电工服 (5) 防静电鞋	加强巡检和参数监控，泄漏量较大时停运泄漏设备
		设备带电造成人员受伤	设备接地未按要求安装和敷设	按要求安装接地设施，定期开展接地检测工作	《石油天然气工程设计防火规范》	(1) 护目镜 (2) 防爆工具 (3) 安全帽 (4) 防静电工服 (5) 防静电鞋	在明显位置处悬挂警示牌，禁止他人触碰
		安全阀故障造成设备超压运行	(1) 安全阀未严格执行检验校验要求 (2) 安全阀的设计和选型不符合要求	按时开展安全阀检验校验工作	《安全阀安全技术监察规程》	(1) 护目镜 (2) 防爆工具 (3) 安全帽 (4) 防静电工服 (5) 防静电鞋	及时调整运行参数，加强监控和巡检，防止超压情况发生

附表2 仪表设备设施固有危害因素与防控措施

单元	设备设施名称	危害或故障	原因分析	防控措施			应急处置措施
				常规措施	参考标准规范	个体防护	
仪表	计量器具	压力表、变送器、流量计发生触电、其他伤害，影响正常生产	(1) 计量器具损坏、量程不合理或超期在用，导致无法准确录取数据 (2) 仪器仪表未按要求设计和安装 (3) 仪器仪表未按要求维修、保养、检验 (4) 电气设备接地未按要求安装和敷设	(1) 定期开展校验、检测、维修、更换 (2) 严格按规范要求进行选型配备 (3) 按要求安装接地	《一般压力表》《弹性元件式一般压力表、压力真空表和真空表检定规程》《抗震压力表》《工作用玻璃液体温度计》《陆上油气田油气集输安全规程》	(1) 护目镜 (2) 防爆工具 (3) 安全帽 (4) 防静电工服 (5) 防静电鞋	迅速切断电源，停运故障仪表，组织进行维修、更换

续表

单元	设备设施名称	危害或故障	原因分析	防控措施			应急处置措施
				常规措施	参考标准规范	个体防护	
仪表	现场仪表设施	调压阀故障造成机械损伤	仪器仪表未按要求开展检修维护工作	定期开展检修维护工作	《石油企业现场安全检查规范 第12部分：采油作业》	(1) 护目镜 (2) 防爆工具 (3) 安全帽 (4) 防静电工服 (5) 防静电鞋	停运故障设备
	视频监控	防爆录像机高处坠落	设备未按要求开展检修维护工作	定期开展检修维护工作	《石油企业现场安全检查规范 第12部分：采油作业》	(1) 护目镜 (2) 防爆工具 (3) 安全帽 (4) 防静电工服 (5) 防静电鞋	设置警戒带，严禁无关人员靠近
	仪表防爆接线箱	仪表防爆接线箱引起触电	电气设备接地未按要求安装和敷设	(1) 按规范要求进行安装 (2) 定期开展检查维护等工作	《电气装置安装工程爆炸和火灾危险环境电气装置施工及验收规范》	(1) 护目镜 (2) 防爆工具 (3) 安全帽 (4) 防静电工服 (5) 防静电鞋	迅速切断电源，停运仪表防爆接线箱，组织进行维修、更换

附表 3　值班室设备设施固有危害因素与防控措施

单元	设备设施名称	危害或故障	原因分析	防控措施			应急处置措施
				常规措施	参考标准规范	个体防护	
值班室	工控系统	可燃气体报警器失效发生泄漏未及时发现引发爆炸火灾	（1）报警设定值和检测范围未按要求进行设置 （2）可燃气体报警器探头损坏，未定期校验，导致无法监测可燃气体浓度 （3）未按要求进行检测和更换 （4）未按要求进行选型或未按要求数量进行配备	（1）合理报警设定值和检测范围 （2）定期开展校验、检测、维修、更换 （3）严格按规范要求进行选型配备	《石油化工可燃气体和有毒气体检测报警设计标准》《石油天然气工程可燃气体检测报警系统安全规范》《石油天然气工程可燃气体检测报警系统安全规范》	（1）防爆工具 （2）安全帽 （3）防静电工服 （4）防静电鞋	加密巡检频次，使用便携式可燃气体检测仪对重点部位进行检测，发生泄漏火灾切断流程，对设备进行放空泄压，及时进行灭火

续表

单元	设备设施名称	危害或故障	原因分析	防控措施			应急处置措施
				常规措施	参考标准规范	个体防护	
值班室	工控系统	模块、电源、计算机发生触电、火灾事故	（1）低压电器未按要求安装 （2）电气设备接地未按要求安装和敷设 （3）配电柜未按要求进行安装 （4）配电柜周围有杂物 （5）配电设备布置未采取安全措施，设备防触电措施不符合要求 （6）仪器仪表未按要求校验	（1）电气设备按照相关规范要求进行安装、采取防触电措施 （2）电气仪表按要求进行接地 （3）配电柜周围不能摆放杂物	《电气装置安装工程盘、柜及二次回路接线施工及验收规范》《石油企业现场安全检查规范第12部分：采油作业》《电气装置安装工程低压电器施工及验收规范》《低压配电设计规范》	（1）电工安全帽 （2）防静电工服 （3）防静电鞋 （4）验电笔 （5）绝缘手套	迅速切断电源，使用灭火器进行灭火

续表

单元	设备设施名称	危害或故障	原因分析	防控措施			应急处置措施
				常规措施	参考标准规范	个体防护	
值班室	工控系统	线路发生触电、火灾事故	(1) 电缆敷设错误 (2) 配电柜电缆未按要求设置防护措施 (3) 配电柜电缆选型不正确、接线不规范 (4) 配电线路保护装置未按要求装设	(1) 按规范要求正确敷设电缆 (2) 设置正确有效的防护措施 (3) 电缆接线规范，选型符合要求 (4) 按要求装置配电线路保护装置	《低压配电设计规范》《电气装置安装工程电缆线路施工及验收标准》《石油企业现场安全检查规范 第12部分：采油作业》《低压配电设计规范》	(1) 电工安全帽 (2) 防静电工服 (3) 防静电鞋 (4) 验电笔 (5) 绝缘手套	迅速切断电源，使用灭火器进行灭火
	消防设施	火灾控制系统失效引起火灾	(1) 未按要求进行设置或选型不当 (2) 点型光电感烟火灾探测器未按要求检查维护 (3) 手动报警按钮未按要求检查维护 (4) 火灾控制器未按要求检查维护	(1) 按规范要求选型配置 (2) 定期开展检查维护等工作	《火灾自动报警系统设计规范》《消防产品现场检查判定规则》	(1) 防爆工具 (2) 安全帽 (3) 防静电工服 (4) 防静电鞋	加强巡检及时发现可疑情况，迅速切断火源，组织进行灭火

续表

单元	设备设施名称	危害或故障	原因分析	防控措施			应急处置措施
				常规措施	参考标准规范	个体防护	
值班室	消防设施	灭火器故障火灾处理不及时	(1) 灭火器未按要求进行检查 (2) 灭火器未按要求设置和选型 (3) 灭火器未按要求维护保养 (4) 器材腐蚀、指针处于红色区域，导致无法使用 (5) 铅封、胶管、手柄损坏，导致无法使用 (6) 消防器干粉板结，导致无法使用	(1) 按规范要求选型配置 (2) 定期开展检查维护等工作	《建筑灭火器配置验收及检查规范》《石油化工企业设计防火标准》《灭火器维修》《消防产品现场检查判定规则》	(1) 防爆工具 (2) 安全帽 (3) 防静电工服 (4) 防静电鞋	迅速切断火源

续表

单元	设备设施名称	危害或故障	原因分析	防控措施			应急处置措施
				常规措施	参考标准规范	个体防护	
值班室	其他设施	轴流风机发生触电和机械伤害	(1) 电气设备接地未按要求安装和敷设 (2) 安全防护未按要求设置 (3) 联轴器护罩松动、缺失，导致旋转部位裸露 (4) 设计和安装不符合要求	(1) 按要求进行接地 (2) 按要求设置安全防护设施 (3) 定期开展检查维护等工作 (4) 按照规范要求设计与安装	《防爆通风机》 《陆上油气田油气集输安全规程》	(1) 电工安全帽 (2) 防静电工服 (3) 防静电鞋 (4) 验电笔 (5) 绝缘手套	迅速切断电源，组织人员进行维修悬挂标识，防止无关人员触碰
		恒电位仪发生触电	接地未按要求安装和敷设	按要求安装接地	《陆上油气田油气集输安全规程》	(1) 电工安全帽 (2) 防静电工服 (3) 防静电鞋 (4) 验电笔 (5) 绝缘手套	迅速切断电源，组织人员进行维修悬挂标识，防止无关人员触碰

附表 4　电气设备设施固有危害因素与防控措施

单元	设备设施名称	危害或故障	原因分析	防控措施			应急处置措施
				常规措施	参考标准规范	个体防护	
电气	防爆配电盘	配电箱故障引发触电火灾	(1) 电气设备接地未按要求安装和敷设 (2) 配电设备布置未采取安全措施 (3) 配电设备防触电措施不符合要求 (4) 配电箱盖螺栓未紧固 (5) 设备设施未按要求进行维修、保养 (6) 未按要求设置标志标识	(1) 按要求安装和敷设节点 (2) 采取合理有效的安全措施 (3) 防触电措施应符合要求 (4) 按要求设置标志 (5) 定期开展设备检查、维修、保养等工作	《电气装置安装工程盘、柜及二次回路接线施工及验收规范》《石油企业现场安全检查规范 第 15 部分：油气集输作业》《陆上油气田油气集输安全规程》《低压配电设计规范》《电气装置安装工程电缆线路施工及验收标准》《低压配电设计规范》《电气装置安装工程接地装置施工及验收规范》《陆上油气田油气集输安全规程》	(1) 电工安全帽 (2) 防静电工服 (3) 防静电鞋 (4) 验电笔 (5) 绝缘手套	迅速切断故障设备电源，使用灭火器进行灭火

续表

单元	设备设施名称	危害或故障	原因分析	防控措施			应急处置措施
				常规措施	参考标准规范	个体防护	
电气	防爆配电盘	线路故障引发触电火灾	（1）防爆电气和电气线路未按要求进行选型 （2）防爆电气及电气线路未按要求进行安装和敷设 （3）电气设备接地未按要求安装和敷设 （4）防爆电气及电气线路未按要求进行隔离密封	（1）按要求对防爆电气和电气线路进行选型 （2）按要求安装防爆电气及电气线路 （3）按要求对防爆电气及电气线路进行隔离密封	《中国石油天然气股份有限公司勘探与生产分公司防爆电气安全管理规定》《危险场所在用防爆电气装置检测技术规范》《中国石油天然气股份有限公司勘探与生产分公司防爆电气安全管理规定》《电气装置安装工程爆炸和火灾危险环境电气装置施工及验收规范》	（1）电工安全帽 （2）防静电工服 （3）防静电鞋 （4）验电笔 （5）绝缘手套	迅速切断电源，使用灭火器进行灭火

续表

单元	设备设施名称	危害或故障	原因分析	防控措施			应急处置措施
				常规措施	参考标准规范	个体防护	
电气	电伴热	电伴热故障引发火灾爆炸	(1) 防爆电气和电气线路未按要求进行选型 (2) 防爆电气及电气线路未按要求进行安装和敷设 (3) 电伴热温控系统失灵 (4) 电伴热敷设不规范	(1) 按规范要求正确选型 (2) 按规范要求正确敷设线路 (3) 定期开展检查、维修、保养等工作	《中国石油天然气股份有限公司勘探与生产分公司防爆电气安全管理规定》《电气装置安装工程爆炸和火灾危险环境电气装置施工及验收规范》《爆炸危险环境电力装置设计规范》《防爆控制按钮》	(1) 电工安全帽 (2) 防静电工服 (3) 防静电鞋 (4) 验电笔 (5) 绝缘手套	(1) 加强巡检及时发现可疑情况 (2) 迅速切断电源，组织进行灭火
		接地、接零导致触电	电伴热温控器未接地	按要求进行接地	《低压配电设计规范》	(1) 电工安全帽 (2) 防静电工服 (3) 防静电鞋 (4) 验电笔 (5) 绝缘手套	迅速切断电源，组织人员进行维修悬挂标识，防止无关人员触碰

附表5 压力容器设备设施固有危害因素与防控措施

单元	设备设施名称	危害或故障	原因分析	防控措施			应急处置措施
				常规措施	参考标准规范	个体防护	
压力容器	分离器	安全阀故障引起火灾爆炸环境污染	(1) 安全阀的设计和选型不符合要求 (2) 安全阀损坏或未定期校验，导致超压时无法起跳 (3) 安全阀未按要求安装 (4) 未按要求检查安全阀	(1) 安全阀按要求进行选型 (2) 定期开展安全阀校验、检修、保养等工作	《安全阀安全技术监察规程》《石油天然气工程设计防火规范》	(1) 护目镜 (2) 防爆工具 (3) 安全帽 (4) 防静电工服 (5) 防静电鞋	切换流程，放空泄压，组织人员对安全阀进行维修
		保温脱落导致机械损伤	未按要求对保温设施进行检查维护	定期开展保温设施进行检查维护	《中国石油勘探与生产分公司设备管理办法》	(1) 护目镜 (2) 防爆工具 (3) 安全帽 (4) 防静电工服 (5) 防静电鞋	维修破损保温

续表

单元	设备设施名称	危害或故障	原因分析	防控措施			应急处置措施
				常规措施	参考标准规范	个体防护	
压力容器	分离器	固定式钢梯及平台损坏引起高处坠落	钢直梯、钢斜梯、工业防护栏杆和钢平台未按要求设计和安装	按要求安装防护栏和护板	《固定式钢梯及平台安全要求 第2部分：钢斜梯》《固定式钢梯及平台安全要求 第3部分：工业防护栏杆及钢平台》	(1) 护目镜 (2) 防爆工具 (3) 安全帽 (4) 防静电工服 (5) 防静电鞋	五级以上大风天气严禁上罐
		阀门、管线泄漏造成环境污染	(1) 设备设施未按要求进行维修、保养 (2) 未按要求对设备进行检查 (3) 阀门，法兰渗漏	(1) 加强阀门、管线密封点泄漏检查 (2) 及时进行更换维修 (3) 针对泄漏点及时采取收集措施，防止污染物落地	《中国石油勘探与生产分公司设备管理办法》	(1) 护目镜 (2) 防爆工具 (3) 安全帽 (4) 防静电工服 (5) 防静电鞋	停运泄漏阀门，组织进行维修

续表

单元	设备设施名称	危害或故障	原因分析	防控措施			应急处置措施
				常规措施	参考标准规范	个体防护	
压力容器	分离器	罐体故障引起泄漏	(1) 罐体腐蚀穿孔 (2) 基础下沉 (3) 未按要求对设备进行检查	按要求对罐体进行检验、检查	《中国石油勘探与生产分公司设备管理办法》	(1) 护目镜 (2) 防爆工具 (3) 安全帽 (4) 防静电工服 (5) 防静电鞋	切换流程，放空泄压，组织对设备进行维修维护
		设备带电造成人员受伤	设备接地未按要求安装和敷设	按要求安装接地设施，定期开展接地检测工作	《石油天然气工程设计防火规范》	(1) 防爆工具 (2) 安全帽 (3) 防静电工服 (4) 防静电鞋	在明显位置处悬挂警示牌，禁止他人触碰

续表

单元	设备设施名称	危害或故障	原因分析	防控措施			应急处置措施
				常规措施	参考标准规范	个体防护	
压力容器	分离器	仪表故障导致设备超工作参数运行	(1) 压力表损坏、量程不合理或超期在用，导致无法准确录取数据 (2) 压力表未按要求设计安装 (3) 压力表未按要求维修、保养、检验	(1) 加强检查，确保压力表正常运行 (2) 定期开展维修、保养、检验工作	《一般压力表》《弹性元件式一般压力表、压力真空表和真空表检定规程》《抗震压力表》《工作用玻璃液体温度计》	(1) 护目镜 (2) 防爆工具 (3) 安全帽 (4) 防静电工服 (5) 防静电鞋	(1) 及时更换仪表 (2) 及时调整运行参数，加强监控和巡检防止超压
	脱硫塔	安全阀故障引起火灾爆炸环境污染	(1) 安全阀的设计和选型不符合要求 (2) 安全阀损坏或未定期校验，导致超压时无法起跳 (3) 安全阀未按要求安装 (4) 未按要求检查安全阀	(1) 安全阀按要求进行选型 (2) 定期开展安全阀校验、检修、保养等工作	《安全阀安全技术监察规程》《石油天然气工程设计防火规范》	(1) 护目镜 (2) 防爆工具 (3) 安全帽 (4) 防静电工服 (5) 防静电鞋	切换流程，放空泄压，组织人员对安全阀进行维修

续表

单元	设备设施名称	危害或故障	原因分析	防控措施			应急处置措施
				常规措施	参考标准规范	个体防护	
压力容器	脱硫塔	保温脱落导致机械损伤	未按要求对设备设施进行检查维护	定期开展保温设施进行检查维护	《石油天然气工程设计防火规范》	(1) 护目镜 (2) 防爆工具 (3) 安全帽 (4) 防静电工服 (5) 防静电鞋	维修破损保温
		固定式钢梯及平台损坏引起高处坠落	钢直梯、钢斜梯、工业防护栏杆和钢平台未按要求设计和安装	按要求安装防护栏和护板	《固定式钢梯及平台安全要求 第2部分：钢斜梯》《固定式钢梯及平台安全要求 第3部分：工业防护栏杆及钢平台》	(1) 护目镜 (2) 防爆工具 (3) 安全帽 (4) 防静电工服 (5) 防静电鞋	五级以上大风天气严禁上罐

续表

单元	设备设施名称	危害或故障	原因分析	防控措施			应急处置措施
				常规措施	参考标准规范	个体防护	
压力容器	脱硫塔	阀门、管线泄漏造成环境污染	(1) 设备设施未按要求进行维修、保养 (2) 未按要求对设备进行检查 (3) 阀门、法兰渗漏	(1) 加强阀门、管线密封点泄漏检查 (2) 及时进行更换维修 (3) 针对泄漏点及时采取收集措施，防止污染物落地	《中国石油勘探与生产分公司设备管理办法》	(1) 护目镜 (2) 防爆工具 (3) 安全帽 (4) 防静电工服 (5) 防静电鞋	停运泄漏阀门，组织进行维修
		罐体故障引起泄漏	(1) 罐体腐蚀穿孔 (2) 基础下沉 (3) 未按要求对设备进行检查	按要求对罐体进行检验、检查	《中国石油勘探与生产分公司设备管理办法》	(1) 护目镜 (2) 防爆工具 (3) 安全帽 (4) 防静电工服 (5) 防静电鞋	切换流程，放空泄压，组织对设备进行维修维护

续表

单元	设备设施名称	危害或故障	原因分析	防控措施			应急处置措施
				常规措施	参考标准规范	个体防护	
压力容器	脱硫塔	设备带电造成人员受伤	设备接地未按要求安装和敷设	按要求安装接地设施，定期开展接地检测工作	《石油天然气工程设计防火规范》	(1) 护目镜 (2) 防爆工具 (3) 安全帽 (4) 防静电工服 (5) 防静电鞋	在明显位置处悬挂警示牌，禁止他人触碰
		仪表故障导致设备超工作参数运行	(1) 压力表损坏、量程不合理或超期在用，导致无法准确录取数据 (2) 压力表未按要求设计安装 (3) 压力表未按要求维修、保养、检验	(1) 加强检查，确保压力表正常运行 (2) 定期开展维修、保养、检验工作	《一般压力表》《弹性元件式一般压力表、压力真空表和真空表检定规程》《抗震压力表》《工作用玻璃液体温度计》	(1) 护目镜 (2) 防爆工具 (3) 安全帽 (4) 防静电工服 (5) 防静电鞋	(1) 及时更换仪表 (2) 及时调整运行参数，加强监控和巡检防止超压情况发生

附表6　安全设备设施固有危害因素与防控措施

单元	设备设施名称	危害或故障	原因分析	防控措施			应急处置措施
				常规措施	参考标准规范	个体防护	
安全设施	消防设施	灭火器故障火灾处理不及时	(1) 灭火器未按要求进行检查 (2) 灭火器未按要求设置和选型 (3) 灭火器未按要求维护保养 (4) 器材腐蚀、指针处于红色区域，导致无法使用 (5) 铅封、胶管、手柄损坏，导致无法使用 (6) 消防器干粉板结，导致无法使用	(1) 按规范要求选型配置 (2) 定期开展检查维护等工作	《建筑灭火器配置验收及检查规范》《石油化工企业设计防火标准》《灭火器维修》《消防产品现场检查判定规则》	(1) 护目镜 (2) 防爆工具 (3) 安全帽 (4) 防静电工服 (5) 防静电鞋	迅速切断火源
	人体静电消除器	人体静电消除器故障	静电消除器未按要求进行安装和使用	定期开展检查、维修、保养工作	《防静电安全技术规范》《石油天然气工程设计防火规范》《本安型人体静电消除器安全规范》	(1) 护目镜 (2) 防爆工具 (3) 安全帽 (4) 防静电工服 (5) 防静电鞋	及时更换或维修设备

附表7　火炬设备设施固有危害因素与防控措施

单元	设备设施名称	危害或故障	原因分析	防控措施			应急处置措施
				常规措施	参考标准规范	个体防护	
放空	火炬	安全阀故障引起火灾爆炸环境污染	(1) 安全阀的设计和选型不符合要求 (2) 安全阀损坏或未定期校验，导致超压时无法起跳 (3) 安全阀未按要求安装 (4) 未按要求检查安全阀	(1) 安全阀按要求进行选型 (2) 定期开展安全阀校验、检修、保养等工作	《安全阀安全技术监察规程》《石油天然气工程设计防火规范》	(1) 护目镜 (2) 防爆工具 (3) 安全帽 (4) 防静电工服 (5) 防静电鞋	切换流程，放空泄压，组织人员对安全阀进行维修
		火炬绷绳松动，火炬晃动	地锚松动、绷绳拉线未紧固	重新打入地锚，张紧拉线	《石油天然气工程设计防火规范》	(1) 护目镜 (2) 防爆工具 (3) 安全帽 (4) 防静电工服 (5) 防静电鞋	五级以上大风天气严禁火炬下方作业

续表

单元	设备设施名称	危害或故障	原因分析	防控措施			应急处置措施
				常规措施	参考标准规范	个体防护	
放空	火炬	阀门、管线泄漏造成环境污染	(1) 设备设施未按要求进行维修、保养 (2) 未按要求对设备进行检查 (3) 阀门、法兰渗漏	(1) 加强阀门、管线密封点泄漏检查 (2) 及时进行更换维修 (3) 针对泄漏点及时采取收集措施，防止污染物落地	《中国石油勘探与生产分公司设备管理办法》	(1) 护目镜 (2) 防爆工具 (3) 安全帽 (4) 防静电工服 (5) 防静电鞋	停运泄漏阀门，组织进行维修
		筒体故障	(1) 筒体腐蚀穿孔 (2) 基础下沉 (3) 未按要求对设备进行检查	按要求对筒体进行检验、检查	《中国石油勘探与生产分公司设备管理办法》	(1) 护目镜 (2) 防爆工具 (3) 安全帽 (4) 防静电工服 (5) 防静电鞋	及时维修或更换
		设备带电造成人员受伤	设备接地未按要求安装和敷设	按要求安装接地设施，定期开展接地检测工作	《石油天然气工程设计防火规范》	(1) 护目镜 (2) 防爆工具 (3) 安全帽 (4) 防静电工服 (5) 防静电鞋	在明显位置处悬挂警示牌，禁止他人触碰

附表 8　甲醇系统设备设施固有危害因素与防控措施

单元	设备设施名称	危害或故障	原因分析	防控措施			应急处置措施
				常规措施	参考标准规范	个体防护	
甲醇	甲醇罐	安全阀故障引起火灾爆炸环境污染	(1) 安全阀的设计和选型不符合要求 (2) 安全阀损坏或未定期校验，导致超压时无法起跳 (3) 安全阀未按要求安装 (4) 未按要求检查安全阀	(1) 安全阀按要求进行选型 (2) 定期开展安全阀校验、检修、保养等工作	《安全阀安全技术监察规程》《石油天然气工程设计防火规范》	(1) 护目镜 (2) 防爆工具 (3) 安全帽 (4) 防静电工服 (5) 防静电鞋	切换流程，放空泄压，组织人员对安全阀进行维修
		固定式钢梯及平台损坏引起高处坠落	钢直梯、钢斜梯、工业防护栏杆和钢平台未按要求设计和安装	按要求安装防护栏和护板	《固定式钢梯及平台安全要求 第 2 部分：钢斜梯》《固定式钢梯及平台安全要求 第 3 部分：工业防护栏杆及钢平台》	(1) 护目镜 (2) 防爆工具 (3) 安全帽 (4) 防静电工服 (5) 防静电鞋	五级以上大风天气严禁上罐

续表

单元	设备设施名称	危害或故障	原因分析	防控措施			应急处置措施
				常规措施	参考标准规范	个体防护	
甲醇	甲醇罐	阀门、管线泄漏造成环境污染	(1) 设备设施未按要求进行维修、保养 (2) 未按要求对设备进行检查 (3) 阀门、法兰渗漏	(1) 加强阀门、管线密封点泄漏检查 (2) 及时进行更换维修 (3) 针对泄漏点及时采取收集措施，防止污染物落地	《中国石油勘探与生产分公司设备管理办法》	(1) 护目镜 (2) 防爆工具 (3) 安全帽 (4) 防静电工服 (5) 防静电鞋	停运泄漏阀门，组织进行维修
		罐体故障	(1) 罐体腐蚀穿孔 (2) 基础下沉 (3) 未按要求对设备进行检查	按要求对罐体进行检验、检查	《中国石油勘探与生产分公司设备管理办法》	(1) 护目镜 (2) 防爆工具 (3) 安全帽 (4) 防静电工服 (5) 防静电鞋	回收介质，组织对设备进行维修维护

续表

单元	设备设施名称	危害或故障	原因分析	防控措施			应急处置措施
				常规措施	参考标准规范	个体防护	
甲醇	甲醇罐	设备带电造成人员受伤	设备接地未按要求安装和敷设	按要求安装接地设施，定期开展接地检测工作	《石油天然气工程设计防火规范》	(1) 护目镜 (2) 防爆工具 (3) 安全帽 (4) 防静电工服 (5) 防静电鞋	在明显位置处悬挂警示牌，禁止他人触碰
		仪表故障导致设备超工作参数运行	(1) 压力表损坏、量程不合理或超期在用，导致无法准确录取数据 (2) 压力表未按要求设计和安装 (3) 压力表未按要求维修、保养、检验	(1) 加强检查，确保压力表正常运行 (2) 定期开展维修、保养、检验工作	《一般压力表》《弹性元件式一般压力表、压力真空表和真空表检定规程》《抗震压力表》《工作用玻璃液体温度计》	(1) 护目镜 (2) 防爆工具 (3) 安全帽 (4) 防静电工服 (5) 防静电鞋	(1) 及时更换仪表 (2) 及时调整运行参数，加强监控和巡检，防止超压情况发生

续表

单元	设备设施名称	危害或故障	原因分析	防控措施			应急处置措施
				常规措施	参考标准规范	个体防护	
甲醇	甲醇泵	防爆电气故障引起火灾爆炸	(1) 防爆电气和电气线路未按要求进行选型 (2) 防爆电气及电气线路未按要求进行安装和敷设 (3) 电气设备接地未按要求安装和敷设 (4) 防爆电气及电气线路未按要求进行隔离密封	(1) 按要求对防爆电气和电气线路进行选型 (2) 按要求安装防爆电气及电气线路 (3) 按要求对防爆电气及电气线路进行隔离密封	《中国石油天然气股份有限公司勘探与生产分公司防爆电气安全管理规定》《危险场所在用防爆电气装置检测技术规范》《中国石油天然气股份有限公司勘探与生产分公司防爆电气安全管理规定》《电气装置安装工程爆炸和火灾危险环境电气装置施工及验收规范》	(1) 电工安全帽 (2) 防静电工服 (3) 防静电鞋 (4) 验电笔 (5) 绝缘手套	迅速切断电源，使用灭火器进行灭火

续表

单元	设备设施名称	危害或故障	原因分析	防控措施			应急处置措施
				常规措施	参考标准规范	个体防护	
甲醇	甲醇泵	机泵本体导致机械伤害	(1) 机泵的设计和安装不符合要求 (2) 设备超温、超压、超速、超负荷运行 (3) 设备设施未按要求进行维修、保养 (4) 未按要求对设备进行检查 (5) 机泵温度过高	(1) 机泵按规范进行设计和安装 (2) 严格控制运行参数 (3) 定期开展检修、维护、保养工作	《油田油气集输设计规范》	(1) 电工安全帽 (2) 防静电工服 (3) 防静电鞋 (4) 验电笔 (5) 绝缘手套	停运故障机泵
		设备带电造成人员受伤	设备接地未按要求安装和敷设	按要求安装接地设施，定期开展接地检测工作	《石油天然气工程设计防火规范》	(1) 电工安全帽 (2) 防静电工服 (3) 防静电鞋 (4) 验电笔 (5) 绝缘手套	在明显位置处悬挂警示牌，禁止他人触碰

附表 9　巡检作业固有危害因素与防控措施

单元	生产作业	危害或故障	原因分析	防控措施			应急处置措施
				常规措施	参考标准规范	个体防护	
天然气、轻烃阀组	主控室数据监控	设备带电造成触电伤害	(1) 屋顶漏雨未及时处理 (2) 仪表盘漏电未及时发现和处理 (3) 仪表盘前无绝缘胶皮未处理 (4) 控制仪表接地不良或中性点断开未及时发现和处理	(1) 屋顶做防水，防止房屋漏雨 (2) 定期检查，发现仪表盘漏电及时处理 (3) 定期检查，发现盘前无绝缘胶皮及时增补 (4) 定期检查，发现中性点断开，接地线损坏等及时处理	—	(1) 防爆工具 (2) 安全帽 (3) 防静电工服 (4) 防静电鞋	在明显位置处悬挂警示牌，禁止他人触碰
		设备线路短路引发火灾	室内有异常焦煳味未及时处理	定期检查，发现室内有异常焦煳味应及时处理和进行通风	—	(1) 电工安全帽 (2) 防静电工服 (3) 防静电鞋 (4) 验电笔 (5) 绝缘手套	切断仪表盘供电

续表

单元	生产作业	危害或故障	原因分析	防控措施			应急处置措施
				常规措施	参考标准规范	个体防护	
天然气、轻烃阀组	主控室数据监控	现场数据与传输数据不一致	现场数据与传输数据不一致未及时发现和处理	定期检查，巡检时注意查看现场情况	—	(1) 防爆工具 (2) 安全帽 (3) 防静电工服 (4) 防静电鞋	及时对数据不一致问题进行处置，保证现场数据与传输数据一致
	管线、阀门	生产装置着火或爆炸	(1) 巡检时携带通信工具 (2) 无可燃气体报警器或失效未及时检查出和处理 (3) 管线穿孔、阀门等部位天然气泄漏未及时发现和处理 (4) 照明灯不具备防爆功能	(1) 装置区巡检时不准携带电气设备 (2) 定期检测检验可燃气体报警器 (3) 定期检查，管线穿孔、阀门等部位油气泄漏及时检查出和处理 (4) 巡检时使用防爆设备	《石油企业现场安全检查规范 第15部分：油气集输作业》	(1) 护目镜 (2) 防爆工具 (3) 安全帽 (4) 防静电工服 (5) 防静电鞋	立即启动火灾爆炸事故应急处置

续表

单元	生产作业	危害或故障	原因分析	防控措施			应急处置措施
				常规措施	参考标准规范	个体防护	
天然气、轻烃阀组	分离器	高处坠落	(1) 防护梯子损坏或有缺陷未及时检查出和处理 (2) 梯子湿滑 (3) 刮大风天气上罐顶 (4) 有分散注意力的行为	(1) 定期检查防护梯子，有问题及时修理 (2) 上梯子前认真检查 (3) 五级以上大风严禁上罐	—	(1) 护目镜 (2) 防爆工具 (3) 安全帽 (4) 防静电工服 (5) 防静电鞋	立即启动高处坠落事故应急处置
		仪表故障导致设备超工作参数运行	(1) 压力表损坏、量程不合理或超期在用，导致无法准确录取数据 (2) 压力表未按要求设计安装 (3) 压力表未按要求维修、保养、检验	(1) 加强检查，确保压力表正常运行 (2) 定期开展维修、保养、检验工作	《一般压力表》《弹性元件式一般压力表、压力真空表和真空表检定规程》《抗震压力表》《工作用玻璃液体温度计》	(1) 护目镜 (2) 防爆工具 (3) 安全帽 (4) 防静电工服 (5) 防静电鞋	(1) 及时更换仪表 (2) 及时调整运行参数，加强监控和巡检防止超压

续表

单元	生产作业	危害或故障	原因分析	防控措施			应急处置措施
				常规措施	参考标准规范	个体防护	
天然气、轻烃阀组	分离器	分离器着火或爆炸	(1) 可燃气体报警器故障或缺失 (2) 管线穿孔、阀门等部位天然气泄漏未及时发现和处理 (3) 设备无接地体或损坏未及时检查出和处理	(1) 定期检测检验可燃气体报警器或增设可燃气体报警器 (2) 定期检查管线壁厚、阀门等部位油气泄漏 (3) 定期检查，发现隐患及时处理	—	(1) 护目镜 (2) 防爆工具 (3) 安全帽 (4) 防静电工服 (5) 防静电鞋	立即启动阀组泄漏事故应急处置或火灾爆炸事故应急处置
	脱硫塔	高处坠落	(1) 防护梯子损坏或有缺陷未及时检查出和处理 (2) 梯子湿滑 (3) 刮大风天气上罐顶 (4) 有分散注意力的行为	(1) 定期检查防护梯子，有问题及时修理 (2) 上梯子前认真检查 (3) 五级以上大风严禁上罐	—	(1) 护目镜 (2) 防爆工具 (3) 安全帽 (4) 防静电工服 (5) 防静电鞋	立即启动高处坠落事故应急处置

续表

单元	生产作业	危害或故障	原因分析	防控措施			应急处置措施
				常规措施	参考标准规范	个体防护	
天然气、轻烃阀组	脱硫塔	仪表故障导致设备超工作参数运行	（1）压力表损坏、量程不合理或超期在用，导致无法准确录取数据 （2）压力表未按要求设计和安装 （3）压力表未按要求维修、保养、检验	（1）加强检查，确保压力表正常运行 （2）定期开展维修、保养、检验工作	《一般压力表》《弹性元件式一般压力表、压力真空表和真空表检定规程》《抗震压力表》《工作用玻璃液体温度计》	（1）护目镜 （2）防爆工具 （3）安全帽 （4）防静电工服 （5）防静电鞋	（1）及时更换仪表 （2）及时调整运行参数，加强监控和巡检，防止超压情况发生

续表

单元	生产作业	危害或故障	原因分析	防控措施			应急处置措施
				常规措施	参考标准规范	个体防护	
天然气、轻烃阀组	脱硫塔	脱硫塔着火或爆炸	(1) 可燃气体报警器故障或缺失 (2) 管线穿孔、阀门等部位天然气泄漏未及时发现和处理 (3) 设备无接地体或损坏未及时检查出和处理	(1) 定期检测检验可燃气体报警器或增设可燃气体报警器 (2) 定期检查，管线壁厚、阀门等部位油气泄漏及时检查出和处理 (3) 定期检查发现隐患及时处理	—	(1) 护目镜 (2) 防爆工具 (3) 安全帽 (4) 防静电工服 (5) 防静电鞋	立即启动火灾爆炸事故应急处置
	收发球筒	快开盲板泄漏导致着火爆炸	密封胶圈老化，造成密封不严，引发泄漏	每次通球作业结束后对快开盲板胶圈进行检查清理，发现老化现象及时进行更换	《石油天然气工程设计防火规范》	(1) 护目镜 (2) 防爆工具 (3) 安全帽 (4) 防静电工服 (5) 防静电鞋	打开收发球筒放空

续表

单元	生产作业	危害或故障	原因分析	防控措施			应急处置措施
				常规措施	参考标准规范	个体防护	
天然气、轻烃阀组	收发球筒	收发球筒带压	阀门密封面磨损、夹带杂质，造成球筒连接阀门出现内漏情况	研磨旧阀门，更换新阀门	《中国石油勘探与生产分公司设备管理办法》	(1) 护目镜 (2) 防爆工具 (3) 安全帽 (4) 防静电工服 (5) 防静电鞋	打开收发球筒放空
		安全阀故障造成设备超压运行	(1) 安全阀未严格执行检验校验要求 (2) 安全阀的设计和选型不符合要求	按时开展安全阀检验校验工作	《安全阀安全技术监察规程》	(1) 护目镜 (2) 防爆工具 (3) 安全帽 (4) 防静电工服 (5) 防静电鞋	及时调整运行参数，加强监控和巡检，防止超压情况发生
		设备带电造成人员受伤	设备接地未按要求安装和敷设	按要求安装接地设施，定期开展接地检测工作	《石油天然气工程设计防火规范》	(1) 护目镜 (2) 防爆工具 (3) 安全帽 (4) 防静电工服 (5) 防静电鞋	在明显位置处悬挂警示牌，禁止他人触碰

续表

单元	生产作业	危害或故障	原因分析	防控措施			应急处置措施
				常规措施	参考标准规范	个体防护	
天然气、轻烃阀组	收发球筒	仪表故障导致设备超工作参数运行	(1) 压力表损坏、量程不合理或超期在用，导致无法准确录取数据 (2) 压力表未按要求设计和安装 (3) 压力表未按要求维修、保养、检验	(1) 加强检查，确保压力表正常运行 (2) 定期开展维修、保养、检验工作	《一般压力表》《弹性元件式一般压力表、压力真空表和真空表检定规程》《抗震压力表》《工作用玻璃液体温度计》	(1) 护目镜 (2) 防爆工具 (3) 安全帽 (4) 防静电工服 (5) 防静电鞋	(1) 及时更换仪表 (2) 及时调整运行参数，加强监控和巡检，防止超压情况发生

续表

单元	生产作业	危害或故障	原因分析	防控措施			应急处置措施
				常规措施	参考标准规范	个体防护	
天然气、轻烃阀组	收发球筒	阀门、管线泄漏造成环境污染	(1) 设备设施未按要求进行维修、保养 (2) 未按要求对设备进行检查 (3) 阀门、法兰渗漏	(1) 加强阀门、管线密封点泄漏检查 (2) 及时进行更换维修 (3) 针对泄漏点及时采取收集措施，防止污染物落地	《中国石油勘探与生产分公司设备管理办法》	(1) 护目镜 (2) 防爆工具 (3) 安全帽 (4) 防静电工服 (5) 防静电鞋	停运泄漏阀门，组织进行维修
	恒电位仪	设备带电导致触电伤害	设备接地未按要求安装和敷设	按要求安装接地设施，定期开展接地检测工作	《石油天然气工程设计防火规范》	(1) 电工安全帽 (2) 防静电工服 (3) 防静电鞋 (4) 验电笔 (5) 绝缘手套	在明显位置处悬挂警示牌，禁止他人触碰
阀室	管线、阀门	生产装置着火或爆炸	(1) 管线穿孔、阀门等部位天然气泄漏未及时发现和处理 (2) 违章将明火带入	(1) 定期检查，管线穿孔、阀门等部位油气泄漏及时检查出和处理 (2) 严禁携带火种进入生产装置区	—	(1) 护目镜 (2) 防爆工具 (3) 安全帽 (4) 防静电工服 (5) 防静电鞋	立即启动阀组泄漏事故应急处置或火灾爆炸事故应急处置

续表

单元	生产作业	危害或故障	原因分析	防控措施			应急处置措施
				常规措施	参考标准规范	个体防护	
阀室	管线、阀门	仪表故障导致设备超工作参数运行	(1) 压力表损坏、量程不合理或超期在用，导致无法准确录取数据 (2) 压力表未按要求设计和安装 (3) 压力表未按要求维修、保养、检验	(1) 加强检查，确保压力表正常运行 (2) 定期开展维修、保养、检验工作	《一般压力表》《弹性元件式一般压力表、压力真空表和真空表检定、规程》《抗震压力表》《工作用玻璃液体温度计》	(1) 护目镜 (2) 防爆工具 (3) 安全帽 (4) 防静电工服 (5) 防静电鞋	(1) 及时更换仪表 (2) 及时调整运行参数，加强监控和巡检，防止超压情况发生
		设备渗漏导致中毒或窒息	(1) 管线穿孔、阀门等部位天然气泄漏未及时发现和处理 (2) 室内通风不畅	(1) 定期检查，管线穿孔、阀门等部位油气泄漏及时检查出和处理 (2) 定期查看通风设施完好	—	(1) 护目镜 (2) 防爆工具 (3) 安全帽 (4) 防静电工服 (5) 防静电鞋	立即打开门窗等通风设备，并立即启动中毒事故应急处置

续表

单元	生产作业	危害或故障	原因分析	防控措施			应急处置措施
				常规措施	参考标准规范	个体防护	
阀室	管线、阀门	设备机械磕碰伤害	进入阀室前不穿戴防静电劳保服、穿戴钉子鞋	规范穿戴劳保用品	—	(1) 护目镜 (2) 防爆工具 (3) 安全帽 (4) 防静电工服 (5) 防静电鞋	立即将伤者送医救治
火炬	火炬绷绳	绷绳松动造成机械伤害	进入装置区未穿戴安全帽等劳动保护用品	规范穿戴劳保用品	—	(1) 防爆工具 (2) 安全帽 (3) 防静电工服 (4) 防静电鞋	立即将伤者送医救治
甲醇系统	甲醇罐	高处坠落	(1) 防护梯子损坏或有缺陷未及时检查出和处理 (2) 梯子湿滑 (3) 刮大风天气上罐顶 (4) 有分散注意力的行为	(1) 定期检查防护梯子，有问题及时修理 (2) 上梯子前认真检查 (3) 五级以上大风严禁上罐	—	(1) 防爆工具 (2) 安全帽 (3) 防静电工服 (4) 防静电鞋	立即启动高处坠落事故应急处置

续表

单元	生产作业	危害或故障	原因分析	防控措施			应急处置措施
				常规措施	参考标准规范	个体防护	
甲醇系统	甲醇罐	仪表故障导致设备超工作参数运行	(1) 压力表损坏、量程不合理或超期在用，导致无法准确录取数据 (2) 压力表未按要求设计和安装 (3) 压力表未按要求维修、保养、检验	(1) 加强检查，确保压力表正常运行 (2) 定期开展维修、保养、检验工作	《一般压力表》《弹性元件式一般压力表、压力真空表和真空表检定规程》《抗震压力表》《工作用玻璃液体温度计》	(1) 护目镜 (2) 防爆工具 (3) 安全帽 (4) 防静电工服 (5) 防静电鞋	(1) 及时更换仪表 (2) 及时调整运行参数，加强监控和巡检，防止超压情况发生
		甲醇塔着火或爆炸	(1) 可燃气体报警器故障或缺失 (2) 管线穿孔、阀门等部位天然气泄漏未及时发现和处理； (3) 设备无接地体或损坏未及时检查出和处理	(1) 定期检测检验可燃气体报警器或增设可燃气体报警器 (2) 定期检查，管线壁厚、阀门等部位油气泄漏及时检查出和处理 (3) 定期检查发现隐患及时处理	—	(1) 护目镜 (2) 防爆工具 (3) 安全帽 (4) 防静电工服 (5) 防静电鞋	立即将伤者送医救治并启动火灾爆炸事故应急处置

续表

单元	生产作业	危害或故障	原因分析	防控措施			应急处置措施
				常规措施	参考标准规范	个体防护	
甲醇系统	甲醇泵	甲醇泵着火或爆炸	(1) 阀门等部位泄漏未及时检查出和处理 (2) 泵房内通风孔未打开 (3) 进入泵房前不穿戴防静电劳保服、穿戴钉子鞋	(1) 现场安全检查表规定检查频次 (2) 泵房检查时打开泵房内通风孔 (3) 规范穿戴劳保用品	—	(1) 护目镜 (2) 防爆工具 (3) 安全帽 (4) 防静电工服 (5) 防静电鞋	立即将伤者送医救治并启动火灾爆炸事故应急处置
		甲醇泵机械磕碰伤害	(1) 电动机和泵轴无防护罩或无安全警示 (2) 未穿戴劳动保护用品，女工不戴工帽 (3) 安全意识不强，在危险点检查时站位不正确	(1) 电动机和泵轴无防护罩增设警示标语 (2) 规范穿戴劳保用品 (3) 各机泵运转部位附近严禁站人	—	(1) 护目镜 (2) 防爆工具 (3) 安全帽 (4) 防静电工服 (5) 防静电鞋	在明显位置处悬挂警示牌

续表

单元	生产作业	危害或故障	原因分析	防控措施			应急处置措施
				常规措施	参考标准规范	个体防护	
甲醇系统	甲醇泵	仪表故障导致设备超工作参数运行	(1) 压力表损坏、量程不合理或超期在用，导致无法准确录取数据 (2) 压力表未按要求设计和安装 (3) 压力表未按要求维修、保养、检验	(1) 加强检查，确保压力表正常运行 (2) 定期开展维修、保养、检验工作	《一般压力表》《弹性元件式一般压力表、压力真空表和真空表检定规程》《抗震压力表》《工作用玻璃液体温度计》	(1) 护目镜 (2) 防爆工具 (3) 安全帽 (4) 防静电工服 (5) 防静电鞋	(1) 及时更换仪表 (2) 及时调整运行参数，加强监控和巡检，防止超压情况发生
		设备带电导致触电伤害	(1) 机组外壳漏电未及时检查出和处理 (2) 设备接地未按要求安装和敷设	按要求安装接地设施，定期开展接地检测工作	《石油天然气工程设计防火规范》	(1) 护目镜 (2) 防爆工具 (3) 安全帽 (4) 防静电工服 (5) 防静电鞋	在明显位置处悬挂警示牌，禁止他人触碰

附表 10 日常操作固有危害因素与防控措施

单元	生产作业	危害或故障	原因分析	防控措施			应急处置措施
				常规措施	参考标准规范	个体防护	
天然气、轻烃阀组	开关阀门	设备机械磕碰伤害	(1) 阀杆、螺栓等配件，站位错误 (2) 全开或全关未再回转一圈	加强日常技术培训工作	—	(1) 护目镜 (2) 防爆工具 (3) 安全帽 (4) 防静电工服 (5) 防静电鞋	做好警示标语，提示相关风险
		设备着火或爆炸	密封点存在渗漏，未使用防爆工具	检查阀盖密封、填料压盖密封、法兰密封是否存在渗漏	—	(1) 护目镜 (2) 防爆工具 (3) 安全帽 (4) 防静电工服 (5) 防静电鞋	立即启动火灾爆炸事故应急处置

续表

单元	生产作业	危害或故障	原因分析	防控措施			应急处置措施
				常规措施	参考标准规范	个体防护	
天然气、轻烃阀组	清管作业	设备打击伤害	(1) 开关阀门时阀杆、螺栓等配件，站位错误 (2) 打开快开盲板时，站位错误 (3) 球筒内压力未完全达到0MPa，打开盲板时会弹出 (4) 取出清管器时未拿稳清管器	严格按照清管作业操作规程进行清管作业	—	(1) 护目镜 (2) 防爆工具 (3) 安全帽 (4) 防静电工服 (5) 防静电鞋	在明显位置处悬挂警示牌
		收发球筒带压	阀门密封面磨损、夹带杂质，造成球筒连接阀门出现内漏情况	研磨旧阀门，更换新阀门	《中国石油勘探与生产分公司设备管理办法》	(1) 护目镜 (2) 防爆工具 (3) 安全帽 (4) 防静电工服 (5) 防静电鞋	打开收发球筒放空

续表

单元	生产作业	危害或故障	原因分析	防控措施			应急处置措施
				常规措施	参考标准规范	个体防护	
天然气、轻烃阀组	清管作业	快开盲板泄漏导致着火爆炸	密封胶圈老化，造成密封不严，引起泄漏	每次通球作业结束后对快开盲板胶圈进行检查清理，发现老化现象及时进行更换	《石油天然气工程设计防火规范》	(1) 护目镜 (2) 防爆工具 (3) 安全帽 (4) 防静电工服 (5) 防静电鞋	打开收发球筒放空
		管道内含污水、杂质造成环境污染	未按照要求对杂质污水进行回收处理	严格按照清管作业操作规程进行清管作业	《中国石油勘探与生产分公司设备管理办法》	(1) 护目镜 (2) 防爆工具 (3) 安全帽 (4) 防静电工服 (5) 防静电鞋	组织对杂质污水进行回收

续表

单元	生产作业	危害或故障	原因分析	防控措施			应急处置措施
				常规措施	参考标准规范	个体防护	
天然气、轻烃阀组	扫线放空	着火或爆炸	（1）点火按钮漏电、未正确穿戴劳动保护用具或使用检测工具 （2）系统内天然气排放不干净，存有余气，人员作业未使用防爆工具 （3）装置区低点排放管路内余气，进出站车辆未佩戴防火帽	严格按照扫线放空作业规程进行相关作业	—	（1）护目镜 （2）防爆工具 （3）安全帽 （4）防静电工服 （5）防静电鞋	立即启动阀组泄漏事故应急处置
		火炬筒体绷绳不紧固，火炬筒体松动造成坍塌	天然气放空流速太快	日常定期对火炬绷绳开展检查	—	（1）护目镜 （2）防爆工具 （3）安全帽 （4）防静电工服 （5）防静电鞋	关闭放空阀，停止放空

参考文献

[1] 何小军.数字仪表（数字多用表）专业基础知识问答[J].电子测试，2003（12）:41-44.

[2] 孙青竹.石油动态计量基础知识[J].油气储运，1998（6）：38-40.

[3] 常汝祯.压力仪表——压力仪表的基本知识[J].工业仪表与自动化装置，1998（3）：54-57.

[4] 中国石油天然气集团有限公司人事部.输气工：上册[M].北京：石油工业出版社，2019.

[5] 中国石油天然气集团有限公司人事部.输气工：下册[M].北京：石油工业出版社，2019.

[6] 冯叔初，郭揆常，等.油气集输与矿场加工[M].东营：中国石油大学出社，2006.

[7] 赵麦群，何毓阳.金属腐蚀与防护[M].北京：国防工业出版社，2019.

[8] 茹慧灵.输气技术[M].北京：石油工业出版社，2010.

[9] 王维斌，胡亚博，李琴.油气长输管道阴极保护技术及工程应用[M].北京：中国石化出版社，2018.

[10] 石仁委，刘璐.油气管道腐蚀与防护技术问答[M].北京：中国石化出版社，2011.